智能康复
产品的设计制作及发展

雷靳灿　陶　科　赵师贤　著

吉林科学技术出版社

图书在版编目（CIP）数据

智能康复产品的设计制作及发展 / 雷靳灿，陶科，赵师贤著. -- 长春 : 吉林科学技术出版社，2021.8（2023.4重印）

ISBN 978-7-5578-8638-7

Ⅰ. ①智… Ⅱ. ①雷… ②陶… ③赵… Ⅲ. ①智能技术－应用－康复医学－医疗器械－研究 Ⅳ. ① TH77-39

中国版本图书馆 CIP 数据核字（2021）第 165330 号

智能康复产品的设计制作及发展

ZHINENG KANGFU CHANPIN DE SHEJI ZHIZUO JI FAZHAN

著　　者　雷靳灿　陶　科　赵师贤
出 版 人　宛　霞
责任编辑　王明玲
封面设计　李　宝
制　　版　宝莲洪图
幅面尺寸　185mm×260mm
开　　本　16
字　　数　240 千字
印　　张　10.875
版　　次　2021 年 8 月第 1 版
印　　次　2023 年 4 月第 2 次印刷

出　　版　吉林科学技术出版社
发　　行　吉林科学技术出版社
地　　址　长春净月高新区福祉大路 5788 号出版大厦 A 座
邮　　编　130118
发行部电话 / 传真　0431—81629529　81629530　81629531
81629532　81629533　81629534
储运部电话　0431—86059116
编辑部电话　0431—81629520
印　　刷　北京宝莲鸿图科技有限公司

书　　号　ISBN 978-7-5578-8638-7
定　　价　45.00 元

前　言

长期以来，国家高度重视健康产业。自 2008 年提出“健康中国 2020”后，习近平总书记又于2014年明确指出：“没有全民健康，就没有全面小康。”十八届五中全会，建设“健康中国”被正式上升为国家战略。2016 年，中共中央和国务院正式印发《健康中国 2030 年规划纲要》，提出了未来 15 年推进“健康中国”建设的行动纲领。然而加快发展康复辅助器具产业，能够有效提升老年人、残疾人、伤病人的健康水平，对于推进健康中国建设、增进人民福祉具有重大的国家战略意义。

社会的需求与科技的进步带来了智能康复产品的发展，同时，社会人口的老龄化和人们对生活质量要求的提高是智能辅具发展的又一个机遇。老年病残者病后的康复、生活的自理和老年人精神生活的满足等，对智能辅具提出了一系列新的要求。在“大众创业、万众创新”的号召下，我国企业在养老行业进行不断探索，加快推进了智能辅具和智能硬件的更新迭代，同时，智能康复产品也给老年人的健康生活提供了更多的便利!

本书基于智能化的发展趋势，针对康复辅具发展的需求，对智能康复产品的设计制作及发展进行了研究，旨在为我国智能康复产品的发展通过指导。本书内容包括：康复器械概述、国内外康复器械发展现状和趋势、智能辅具产品、智能假肢、智能轮椅、康复机器人、智能康复产品的发展应用。

由于国内外相关参考资料相对缺乏，加之作者水平有限，本书中难免有不足、疏漏和错误之处，敬请读者不吝指正。

目　录

第一章　康复器械概述

第一节　康复器械的界定

目前，国内外对康复器械还未形成较为统一的定义。在国际上，康复器械（Rehabilitation Devices）通常是指康复医疗中用于康复训练与治疗、帮助功能提高或恢复的器具，并不等同于中文理解的概念范畴。因此，这里首先需要明确，本书中的“康复器械”概念实际上是等同于国际上的名称“辅助产品（Assistive Products）”，这已在最新出版的ISO9999：2011《Assistive Products for Persons with Disabilities—Classification and Terminology（失能者辅助产品——分类与术语）》国际标准中作为标准名称。

2001年世界卫生大会通过的国际残疾的新分类《国际功能、残疾和健康分类》（简称ICF）认为，个人因素和环境因素与残疾（失能）的发生、发展，以及与功能的恢复、重建都密切相关。而在环境因素中，首先列出了“辅助产品”的概念，并定义为：为改善失能者功能状况而采用适配的或专门设计的任何产品、器具、设备或技术。显然，这里实际上明确了“辅助产品”包括“器具（Devices）”与“技术（Technology）”两个不同的概念范畴，然而并没有明确说明两者的关系。实际上，我们可以认为“辅助产品”的概念接近于美国的“辅助技术（Assistive Technology）”。在1990年颁布的美国联邦法律《失能者教育改进法案（Individuals with Disabilities Education Improvement Act，IDEA）》中，首先定义了“辅助技术（Assistive Technology）”，其包括“辅助技术器具（Assistive Technology Devices）”与“辅助技术服务（Assistive Technology Service）”两个概念。这是一个主要针对儿童教育的法案，其中“辅助技术器具”的定义为：用于提高、保持或改进失能儿童功能的任何物品、设备或产品系统，无论是商业现成的，还是改进的或是定制的。“辅助技术服务”的定义为：任何直接辅助失能儿童选择、获取或使用辅助器具的服务。由此可见，“辅助产品”的定义中的“器具”可以与“辅助技术”中的“辅助技术器具”对应，而“技术”可以与“辅助技术服务”相对应。尽管“辅助产品”与“辅助技术”这两个概念在不同的文件中被提出，没有直接的关系，但鉴于二者均是当前国际上在康复器械领域最常用及最规范的名词，我们在这里首先做一比较，以便我们更好地理解本书中“康复器械”的概念。

在我国，“辅助产品”的概念通常被称为“康复辅具”（如国家康复辅具研究中心）、“康复器具”（如中国康复器具协会）或“辅助器具”（如中国残疾人辅助器具中心），并没有统一的名称。为了明确本论著的研究对象、便于论述，本书中根据我国康复工程产品的学术名称，统一把“辅助产品”称为“康复器械”。鉴于康复器械具有广义的内涵，为了便于界定其概念，这里根据使用场合特性，将其分为 3 个主要范畴。

（一）康复诊断与治疗类（诊疗类）器械

康复诊疗类器械是指在医务人员的帮助下，用于失能者（临时或永久）进行功能诊断与评定、症状缓解或功能恢复的器械，包括：康复诊断与评价器械，运动康复训练类器械（如上下肢康复训练系统），物理因子治疗器械，作业治疗器械以及结构、功能代偿类器械（如假肢、人工耳蜗）等。这类器械大多在医疗、康复机构安装或在其指导下使用。

（二）功能增强与辅助类器械

功能增强与生活辅助类器械是指失能者自主使用或在其他人帮助下使用的、用于功能增强或功能辅助，实现日常生活辅助的器械，也可以统称为日常生活辅助器具，包括移动辅助器械（如轮椅车）、信息与沟通辅助器械（如言语障碍者用的电子沟通板）、个人护理与防护器械、就餐与家务辅助器械以及就业辅助类器械等。这类器械大多为个人在社会公众场所或在家庭使用。

（三）环境无障碍改造与控制类器械

环境无障碍改造与控制类器械是指为帮助失能者完成移动、起居、餐饮、洗浴、排泄等日常居家活动，以及就业、外出、娱乐等室外活动而进行的无障碍环境改造与控制的器械，包括无障碍通道、盲道、无障碍电梯、无障碍家庭建筑设施（如无障碍卫生间）、无障碍卫浴设施、无障碍家具（如衣柜、厨具），以及无障碍环境控制类设备等。这类器械大多在公共场所或家庭使用。

康复器械的作用是帮助患者进行功能的训练和恢复，它们可以增加关节活动度、改善肌力和运动的协调、增强体力，改善损伤部位的状况等。康复器械的最终目标是恢复人体肌体组织的运动机能，实现肌体组织的自然化动作。

近十年来，由于脑血管意外造成肢体运动功能障碍者逐年增多，这类患者进行康复训练的要求越来越迫切。脑血管意外造成的偏瘫原因是中枢神经损伤，通过训练促进中枢神经的重组和代偿，才能恢复患者失去的肢体运动功能。肢体运动功能的康复训练是运动疗法中的一种基本方法，传统多由治疗师利用手法或简单的器械对患者进行训练，由治疗师握住患者受损肢体，辅助患者作各种动作，维持患者肢体的活动范围，并促进运动功能的早日康复。这种训练方式存在很多的问题，如，训练效率和训练强度难以保证，而且训练效果受到治疗师水平的影响；缺乏评价训练参数和康复效果之间关系的客观数据，整个训练过程建立在定性观察的基础上。由于缺乏准确性、可控性和相关物理量的定量数据，无法对训练方案进行优化和对训练效果进行科学的评估以获得最佳治疗方案等。

康复器械的最终目标是恢复人体肌体组织的运动机能，实现肌体组织的自然化动作。基于此目标，该领域的研究主要沿着两个方向：一个方向是功能电刺激，另一个方向是肌电信号控制。前者是利用电压或电流等电信号刺激神经肌肉，致使丧失神经控制的肌肉产生收缩，达到康复治疗和功能重建的目的；后者是利用分离的肌群电信号（肌电信号）控制康复器械，使其能够具有与肢体相同的对外界刺激的反应能力和对脑神经信号的识别和处理能力，模拟肢体动作，实现肢体的康复治疗。在功能电刺激系统的研究开发方面，由于电刺激参数与肌肉收缩力（位移）的关系（即募集曲线）这一重要的基本理论问题还处在探索阶段，使得该系统的应用受到了很大的限制。相对而言，肌电信号的采集处理已经有比较高的识别率（单一动作的识别率可达到 95% 以上）。因此，大量的研究工作倾向于肌电信号控制方面。

第二节　康复器械的分类

康复器械可以根据不同方法进行分类，目前国内外存在多种分类方法，通常有如下几种。

一、按照国际标准分类

国际标准的分类方法主要是按照康复器械功能来分的。在国际标准 ISO9999：2011《Assistive Products for Persons with Disabilities—Classification and Terminology（失能者辅助产品——分类与术语）》中，辅助产品（本文所称“康复器械”）的定义是：能预防、代偿、监护、减轻或降低损伤、活动受限和参与限制的任何产品（包括器械、仪器、设备和软件），可以是特别生产的或通用产品。该标准将辅助产品分为 12 个主类，主类名称及其次类、支类的数量见表 1-1。

表 1-1　按 ISO9999：2011 标准分类的辅助产品的主类名称及次类和支类的数量

主类名称	次类和支类的数量
主类 04 个人医疗辅助产品	下分 18 个次类和 64 个支类
主类 05 训练技能辅助产品	下分 10 个次类和 49 个支类
主类 06 矫形器和假肢	下分 9 个次类和 102 个支类
主类 09 个人护理和防护辅助产品	下分 18 个次类和 128 个支类
主类 12 个人移动辅助产品	下分 16 个次类和 103 个支类
主类 15 家务辅助产品	下分 5 个次类和 46 个支类

续 表

主类名称	次类和支类的数量
主类 18 住家和其他场所的家具及其适配件	下分 12 个次类和 72 个支类
主类 22 沟通和信息辅助产品	下分 13 个次类和 90 个支类
主类 24 处理物品和器具的辅助产品	下分 8 个次类和 38 个支类
主类 27 环境改善辅助产品，工具和机器	下分 2 个次类和 17 个支类
主类 28 就业和职业训练辅助产品	下分 9 个次类和 44 个支类
主类 30 休闲辅助产品	下分 10 个次类和 28 个支类

二、按照用途分类

由于国际标准的分类很细，加之很多类别的产品的生产在我国还是空白，为了便于学术讨论，国家康复辅具中心曾把康复辅具（康复器械）分成 4 大类。如果加上环境改造类器械，则这里把康复器械分成 5 大类，其分类及重点产品见表 1-2。

表 1–2　按照用途分类的康复器械类别及产品举例

序号	类别	代表性产品
1	康复诊断与评价器械	步态分析系统、神经功能评价系统、肌力测评系统、关节测评系统、智力测评装置、平衡功能测评装置、言语功能测评装置等
2	结构与功能代偿器械	假肢、矫形器、轮椅车、拐杖、装饰性假体、助听器、助视器、电子人工喉、导盲器、功能性电刺激设备、脑瘫支具等
3	功能增强与辅助器械	护理床、室内外移动辅具、上下楼梯辅具、防褥疮垫、二便功能障碍监测护理装置、如厕 / 入浴辅助装置、助行器、家务生活辅具、学习 / 工作辅具、居家监护系统、残疾人性功能障碍康复装置等
4	功能训练与理疗器械	运动功能损伤康复训练设备、言语训练设备、认知训练设备、截肢者假肢配置促进康复设备、物理因子治疗设备、职业技能训练设备、残障者运动功能评价系统、老年行为训练系统、智障患者康复训练器等
5	环境改造与控制器械	居家建筑无障碍改造器具、无障碍坡道、无障碍电梯、无障碍环境控制系统等

三、按照应用场合分类

康复器械主要用于医院、康复中心养老机构、社会照料机构、家庭及公共场所等，因此，可以根据这种特点将其分为 3 大类，见表 1-3。这种分类尽管不是十分严格，但简单明了，便于理解康复器械的用途与特点。

表 1-3　按使用场合分类的康复器械类别及产品举例

序号	类别	代表性产品
1	医疗机构用康复器械	电生理诊断与评价设备、脑卒中康复训练设备、理疗设备、电刺激器、假肢矫形器等
2	家庭用康复器械（含社区、养老机构）	护理床、室内移动辅具、防褥疮垫、二便功能检测与辅助装置、助行器、家务生活辅具、学习 / 工作辅具、居家监护系统、无障碍环境控制系统等
3	公共场所用康复器械	无障碍坡道 / 盲道 / 电梯、就业辅助设备、公共娱乐辅助器具（如沙滩轮椅、游泳辅助设备）等

第三节　康复器械的发展概况

一、康复器械发展现状

康复治疗有许多手段和方法，其中使用仪器进行康复治疗起到越来越重要的作用。近 20 年来，康复器械的发展十分迅速，用于康复及治疗的器械不断出现，打破了诊断仪器一统天下的局面。康复器械可分为治疗类、助残类、训练类、检测类、专用类等。治疗类按原理又可分为物理治疗、化学治疗、放射治疗、音乐治疗等类型。助残类按用途又可分为肢体矫形、个人移动、生活自理、通信信息、环境控制、聋人专用、盲人专用等类型。训练类主要包括装有电子检测仪器的健身器械和最近发展起来的虚拟现实健身器械及系统。专用于康复检测和评价的仪器不多，有步态分析仪等。

目前对康复器械的研究一般可以分为物理治疗仪器、心脏起搏器、助残类仪器、步态分析仪、运动康复类器械、虚拟现实健身器械及系统等方面。

物理治疗仪器利用各种物理因素和生物反馈等作用于机体，来达到治疗和预防疾病的。这种方法称为物理疗法。根据不同的物理因素，物理疗法可分为：电刺疗法、超短波疗法、红外线疗法、超声波疗法、激光疗法、紫外线疗法、磁疗法、热疗法、冷冻疗法等。各种物理因子对机体的所产生的治疗作用是多种多样的，总的说来，它具有消炎、治癌、镇痛等疗效，是治疗疾病恢复人体功能的一种良好手段，然而其治疗机理还有待进一步研究。物理治疗仪器一般可以分为神经肌肉电刺激治疗仪器、微波热疗仪、射频热疗仪、超声波热疗仪、红外治疗仪、磁疗仪、体外反搏装置等。

心脏起搏器就是一台高性能微型计算机，由高能电池提供能量，医学术语称为脉冲发生器，通过起搏电极导线连接于心腔。脉冲发生器可事先按照患者个体需求，编输入的程序组发放电脉冲而带动心跳。心脏起搏器的类型有以下五种：固定频率型、p 波同步型、心室按需型、房室顺序按需型及全能型。全能型可根据心脏的工作情况自动选择和更换发送脉冲的方式，可自动适应各种心动过缓。从20世纪80年代开始，心脏起搏器向轻量化、小型化、长寿命发展，而从90年代开始心脏起搏器向综合型发展，即不仅有起博功能，而且有除颤和抗心动过速功能，还具有丰富的程控与遥测功能。一是电池寿命问题，二是材料问题，三是采用大规模集成电路以缩小体积，四是控制技术。

助残类仪器是专门为残疾人（包括老年人）设计的，这种仪器能使残疾人身心功能得到某种程度的恢复和补偿的电子（计算机）类仪器、设备、器具。国际上此类产品发展迅速，国内已有部分产品，还有的正在研制。这些产品涉及残疾人的治疗训练、环境控制、工作学习、行走移动、生活自理、休闲娱乐等，比如护理机器人、高位截瘫患者用的家庭环境控制装置、电动轮椅、个人电脑专用输入装置，肢体残疾人用的电动假肢、步态分析训练系统，盲人用的电子手杖、盲人乐谱、盲人电子阅读器、盲人视觉辅助装置、盲人专用声音指弓，个人电脑偏瘫患者用的电子助行器，耳聋人用的电子助听器、电子耳蜗，喉头摘除者用的电子人工喉、语言训练装置，老年人用的防褥疮自动充气床垫、家庭健康监护系统、远程监护系统等，可以说，门类品种齐全，已构成体系。

步态分析仪是步态分析的一种手段，步态分析是利用力学概念和已掌握的人体解剖、生理学知识对人体的行走功能状态进行对比分析的一种生物力学研究方法。步态分析仪主要包括计算机、测力台、摄像机、线性包络肌电图检波器等，可测出步行活动中的运动学参数、动力学参数和肌肉的肌电活动等。步态分析仪具体由测力平台、测力鞋、红外光点摄像系统、肌电系统、计算机分析系统组成。测力平台用来测量一个步行周期中足底三维力及转矩的变化，测力鞋用来测量足底9个生理负荷区的压力值，红外光点摄像系统用来测量运动位置。这些信息经计算机处理后输出用于评价的表格、曲线、图形等。目前国内三维测力、三维测位置的步态分析仪已经出现。

运动康复类器械是以运动疗法为基础而出现的。运动康复疗法是针对残疾人群，手术后的病人，以及一些中风瘫痪程度不高的人群康复训练的基本但有效的方法。在这个方法的基础上产生拉很多的运动康复形的器械如履带式步行器、健身车、电动摇摆机、电动按摩机等，这些运动器械正常人和病人都可以使用。履带式步行器装上心电图机及心电监护仪和心律分析仪，称为运动心电图，运动心电图对冠心病的诊断、疗效判断、指导康复锻炼有重要意义。目前，出现许多面向家庭的电子设备如手表式心率计、电子血压计等，电子计步器适于病人在家中康复锻炼时自我测试用。

虚拟现实健身器械及系统是20世纪90年代发展起来的新兴技术而形成的。虚拟现实（Virtual Reality，简称VR）是由计算机生成的、模拟人类感觉的世界的实时表示，有时也被称之为虚拟环境。这里的“世界”是指具有真实感的立体图形，它既可以是某种特定现实世界的真实再现，也可以是纯粹构想的世界。操作者可以通过视觉、听觉、触觉、力觉等与之交互，进而能产生“身临其境”场景，所以虚拟现实技术为人机交互提供了新的交互媒体。普通运动健身器械与计算机虚拟现实技术相结合，就构成虚拟现实康复器械。

目前，人们已经开发出种类繁多的健身器材来辅助人们做健身运动。基于VR的健身运动器既能健身，又能娱乐，使参与者有身临其境的感觉，因此，这类基于VR的健身器能够进一步促进我国的全民健身运动。如，目前国外还研制出带有虚拟力反馈的远程康复系统，患者带一力反馈手套，在计算机虚拟现实程序的引导下操作，如，用虚拟手挤压一个虚拟橡皮球，系统自动采集患者手的关节运动和所施加的力的数据，虚拟手会跟随动作，虚拟橡皮球会作相应变形，而患者不但看到图像，听到声音，而且还会感觉到虚拟橡皮球的反作用力。

二、康复器械的研究和发展概况

随着电子技术、计算机技术、图像分析技术等在医学领域日益广泛的应用，促使理疗康复仪器向着门类齐全、品种多样、微机化、数字化、自动化、高质量和高精度的方向发展，运动器械也向高精度检测、训练、评定一体化的方向发展。

针对目前各种技术的快速发展，康复器械的种类也越来越多，对康复器械应该从两个方面来研究从而发展康复设备。一方面是物理治疗因子临床应用的进一步拓展；另一方面是将高新技术迅速应用到康复理疗设备中。

物理治疗因子在临床应用进而拓展可以体现在以下几个方面。心脑血管病的诊疗技术，肿瘤的诊疗技术，常见病、多发病的治疗技术，美容、减肥将成为康复理疗设备发展新潮流。

高新技术的应用使得康复理疗设备日新月异。科技不断进步产品技术迅速升级应是我们的永恒的追求。由于目前的自然科学发展，尤其是芯片技术的发展使得原有的大型康复理疗设备趋于小型化、智能化。如固体激光仪已作为成熟的技术被实际运用超短波治疗仪中，采用固态电路的超短波治疗仪已经面市，它具有自动调谐功能，其输出状态的控制更为准确、方便。利用单片机或者嵌入式技术可以使医院里的大型康复设备小型化，能够开发出适合家庭、社区的便携式监护，检测类的康复器械将有较大的前景。如对心脏病人心电参数的适时记录、紧急情况的报警（通过无线或有线通知医院或急救中心）。而现在由于信息技术的发展以及网络的普及，使得小区中基本网络都已覆盖，这使得智能化小区的建设成为可能。通过网络技术在网上进行信息互换，交流已经普及。研究建立专家诊疗系统开创（社区、家庭服务网），实现对亚健康状况及常见疾病的检查、治疗将是未来发展方向。实现方法是我们将个人的电生理信号如心电信号、脑电信号、呼吸、脉搏、血压等一些常规数据适时传送服务中心中智能专家诊疗系统进行处理并及时向家庭或者社区返回检查结果和保健、治疗方案。因此，开发以计算机接口相匹配的社区、家庭治疗仪在未来将有巨大的发展前途。

第四节　康复器械的产业特点

国际上，除我国及日本等少数国家之外，大多数国家把康复器械作为医疗器械的一部分进行监管，因此，康复器械可以算作医疗器械产业的一大部分。但随着人们生活水平的提高及老龄化形势的加剧，康复器械作为提高失能者及老年人生活质量的重要工具，在世界各国正愈来愈受到高度的重视。有专家认为，康复器械产业不仅是医疗器械这个朝阳产业的一部分，而且是一个“朝阳中的朝阳产业”。要充分认识这个新兴的产业，以有效的战略促进康复器械行业的快速发展，我们需要明确这个产业的特点。康复器械主要呈现如下产业特点：

一、产品结构呈“顶天、立地”型

康复器械制造技术涉及生物医学、机械、电子、计算机、新材料等技术领域，是典型的技术交叉型产品。康复器械的一个显著特点是既有许多“立地型”技术产品，即，实用性强、结构简单、适应性广的普通康复器具，如拐杖、手动轮椅、助行架、矫形器及作业治疗器具等；同时也有许多“顶天型”尖端高科技产品，如康复护理机器人、智能轮椅、自适应智能假肢、信息化网络化远程康复系统等。美国近几年的“十大医学科技进展”，每年都有高端康复器械人选，包括“神经控制假肢”“全瘫患者用意愿控制机械手”“截瘫辅助行走机械服”等。该产业的“立地”型产品特点说明这类产品服务的人群广泛、民生关联性大、普惠性强，能够形成具有自主知识产权的较大规模产业。其“顶天型”产品特点确定了该产业可以带动国家高科技进步，形成具有国际竞争力和高附加值的高科技产业。

二、技术呈“生、机、电、医”复合型

康复器械产品涉及“生”（电生理）、“机”（机械）、“电”（电子、计算机）、“医”（医学）、材料等多技术领域，是典型的技术交叉型、复合型产品。因此，康复器械产业的发展与生物医学、机械、电子及计算机等行业的产业基础密切相关，这些各行业已有的技术基础已经为康复器械产业提供了良好的发展条件。康复器械行业的上述特点给本行业发展创造了巨大的发展空间。近年来，随着中国精密制造和机电一体化设备制造能力的增强，中国康复器械行业发展迅速。同时，康复器械产品的这种技术复合型的特点也决定了可以通过组合其他产业领域的新技术进行产品创新，也不像其他产业存在较多的基础性技术难题（如作为医疗器械的医学影像设备、放射治疗设备等），是一个可以大力推动、具有极大发展潜力的创新型产业。

三、行业监管呈相对开放型

目前，我国与日本、欧美等国家不同，康复器械中的很大一部分产品还没有纳入医疗器械监管。在我国，康复器械主要归口民政系统，中国康复器械的一级行业协会——中国康复器具协会就归属于民政部管理。我国通常两个主要的康复器械质量检测机构——国家康复辅具质量监督检测中心及国家康复器械质量监督检验中心分别属于民政部国家康复辅具研究中心及中国残疾人辅助器具中心。我国大部分康复器械产品只要通过上述 2 个检测机构检测，获取产品合格证后就可以上市销售，包括，机动轮椅车、电动轮椅车、手动轮椅、肢体残疾人驾车辅助装置、助行器具、盲杖、助视器、助听器、聋儿语言训练器、康复训练器械、失禁用品、坐便椅、医用电器安全性能、残疾人运送升降架、假肢、矫形器等。当然，如果这些器械需要在医疗机构销售，则还需要医疗器械注册证。需要医疗器械注册证的康复器械产品大多数属于第一类医疗器械，少部分属于第二类医疗器械，只有植入性电刺激器、带植入性人机接口电极的设备等极少数产品属于第三类医疗器械。因此，康复器械市场准入门槛较低，适合市场的技术创新型产品可以较快实现产业化。

四、产品种类呈多样型

行业产品品种繁多，ISO9999：2011 把康复器械分成 12 主类 130 个次类、781 个支类。尽管康复器械市场需求量大，然而由于康复器械还没有形成大的产业规模，目前市场上大部分康复器械的供应还处于空白状态，呈现“供不应求”的现象。据统计，我国仅有 10% 左右的残疾人能得到康复服务。因此，只要政府扶持，社会资源将很快在这一领域形成集聚效应，由于产品线宽，企业可以在这一领域生产不同产品，减少竞争，进而快速形成具有一定规模的产业。

五、市场呈“井喷”行情，市场发展潜力大

中国残疾人联合会发布的数据显示，我国残疾人总数超过 8500 万，约占全国总人口的 6.09%，其中 80% 以上要借助各类康复辅具，但仅有 10% 的残疾人能够得到康复医疗服务。在巨大的残疾人基数和人口老龄化的影响下，随着经济的发展，现阶段我国对康复服务的需求出现“井喷”现象。由于康复服务的技术支撑是康复器械，因此，这种“井喷”现象也是社会对康复器械市场扩大的迫切要求的真实反映。

第二章　国内外康复器械发展现状和趋势

第一节　我国康复器械的发展现状与瓶颈

一、国内康复器械发展总体形势

（一）总体形势

我国巨大的人口基数将使老龄化和残疾人问题在未来 10 年内成为严重的社会问题。早在 2000 年我国就已跨入老年型人口国家的行列，老年病患者病后的康复、老龄人口生活的自立、老年人精神生活的满足等现实需求，向康复工程提出了一系列要求。截至 2018 年底，我国 60 岁及以上老年人约 2.5 亿，部分失能和完全失能老年人已达 4000 万人。随着寿命的延长，人口的残疾发生风险也逐步增大，伤残期延长。男性的平均伤残期由 1987 年的 4.39 年增加到 2006 年的 5.77 年，女性由 1987 年的 6.10 年增加到 2006 年的 6.21 年。男性 60 岁后平均伤残期由 1987 年的 4.00 年增加到 2006 年的 4.49 年，女性由 1987 年的 4.97 年增加到 2006 年的 5.16 年。我国残疾人的年龄分布呈倒金字塔形。我国有长期卧床患者的家庭约占全国家庭总户数的 8%。由于缺乏社会护理，一个失能老人至少影响两个家庭，我国有几千万家庭为失能老人的护理问题所困扰，其中，最缺乏的是先进的家庭护理设备和辅具。从需求方面来说，满足老龄人口需求的设施将成为社会关注的新热点。

跟据中国残疾人联合会发布的数据显示，我国残疾人数超过 8500 万，然而仅有 10% 左右的残疾人得到康复服务。综合考虑人口结构的变动、社会经济因素的影响，近年来全国总人口规模持续增加，人口老龄化进程加快，这一阶段的残疾人增长速度也呈现加快的趋势；随着社会经济的进一步发展和先进医疗条件的普及，残疾人口增长的速度在 2020 年之后略有减缓，但残疾人总人口规模仍在持续上升。据预测，至 2050 年我国人口的残疾率将达到 11.31%，届时全国残疾人总量将会达到 1.65 亿。庞大的残疾人口规模将对我国的医疗保障体系、公共卫生体系、社会保障体系形成更加严峻的挑战。

此外，暂时性功能障碍群体数量巨大。据统计，中国高血压患者高达 2.7 亿例，每年新增患者 1000 万例。而高血压能引起的卒中后遗症、半身不遂、痴呆等疾病，这些患者大多属于暂时性功能障碍群体。他们需要相应的康复器械（包括康复评估与训练设备、作业治疗设备、理疗设备及生活辅助器具等），此外还需要一定的康复训练设备与医疗相配合，帮助其恢复健康。因此，我国需要康复服务或康复器械的人群数量巨大。

目前，中国医疗机构的整体康复医疗装备水平还很低，康复器械产品的不少关键技术仍被跨国巨头们所垄断，国内康复器械生产企业的竞争能力令人担忧。从中国康复器械产品来看，国际上有 12 个主类，共 700 多个支类，我国仅开发了部分支类，数量和质量方面与国际水平相差很多，而且高端产品少。从进出口产品种类来看，进口的主要是技术含量较高的大型康复设备，出口的虽然有部分高端康复器械产品，然而主要是技术含量较低的常规性康复设备。根据国际通用标准，广大残障人群迫切需要的低成本、实用型的中、低档产品的供应还存在很大缺口，在目前供应的辅助器具中，功能完善、技术含量较高的中、高档产品还存在很多空白，远远满足不了国内需要。

从另一个角度看，中国康复器械行业同发达国家相比虽然存在差距，然而其发展速度令世界为之侧目。一些中国最新研发的康复器械产品走在了国际医疗器械行业的前列。

（二）发展脉络与历程

康复器械是康复工程的产品。康复工程起源于 19 世纪末，首先是从假肢、矫形器等辅助器具的研究、生产开始的。第二次世界大战后，康复工程有了较快的发展。美国 1945 年首先制订了以伤残退伍军人为服务对象的假肢研究计划，并成立了假肢研究开发委员会，随后又在全国各地成立了康复工程中心，由此产生了康复工程学。

20 世纪 30 年代初，在我国上海、北京、汉口等大城市，一些刚建立骨科的医院设立了假肢支具室，直接为临床服务，少数城市有私人开办的小作坊，如，北京的万顺、上海的天工洋行、中国科学整形馆等规模很小的假肢矫形器作坊，制作简单的假肢矫形器，形成我国最早的假肢矫形器行业。1943 年，为适应抗日战争的需要，晋察冀边区政府成立了义肢装配组，为伤残军人安装假肢矫形器。1945 年，晋察冀边区政府在张家口建立了我国第一所公立假肢厂，是新中国假肢矫形器行业发展的起源。

新中国成立后，特别是 1958 年以后，我国陆续在各省建立了假肢工厂，初步形成了假肢装配网。1964 年国家内务部组织了全国假肢的统一设计，为标准生产做好了准备。到 20 世纪 70 年代末，我国的假肢矫形器行业经过建厂、布局，发展扩大到每个省会城市都有了假肢厂，从单纯生产假肢到生产各种矫形器和辅助器具，从面向荣誉军人扩大到为社会残障人服务。

由于受经济发展水平及观念影响，我国的康复器械一直是以假肢矫形器及手动轮椅车为主，未形成一定规模的产业。随着残疾人与老年人事业的发展，直到 20 世纪 90 年代，我国陆续出现了一些专门生产康复器械的企业。我国的康复器械行业唯一的协会一直还是挂靠民政部的中国假肢矫形器协会，到 2007 年，中国假肢矫形器协会更名为中国康复器具协会，从此翻开了我国康复器械产业行业管理的新篇章。

康复器械行业之前在我国未受到相当的重视，直到近些年才开始逐渐被关注和重视。2006年，原国务院总理温家宝亲笔批示由11位两院院士联合署名的关于成立国家康复辅具研究中心的建议报告，2010年投资4亿多元人民币的国家康复辅具研究中心一期工程建成使用。2008年，四川发生汶川地震，地震灾难引发的我国康复医学服务短缺的问题受到国家的高度关注，此后，一系列扶持康复事业的政策纷纷出台。因此，我国康复医学与康复器械进入了快速发展的春天。

（三）相关政策形势

1. 国家政策

在2010年3月召开的第十一届全国人民代表大会第三次会议上，汤小泉等六位人大代表提出了“关于尽快开展我国残疾人辅助器具高科技研究的建议”（第6436号），建议制订整体规划，促进产、学、研有效衔接，加大技术研究的支持与投入，健全和完善康复服务保障体系，逐步将部分辅具纳入补贴范畴。根据全国人大常委会办事机构批办意见，由民政部主办、科技部协办，对代表们的建言予以答复，明确了未来几年康复器械研究的发展目标。

在国家政策层面，2011年3月，《中华人民共和国国民经济和社会发展第十二个五年规划纲要》（简称《规划纲要》）正式发布，其中第八篇（改善民生建立健全基本公共服务体系）第三十六章（全面做好人口工作）第四节（积极应对人口老龄化）指出：“建立以居家为基础、社区为依托、机构为支撑的养老服务体系，加快发展社会养老服务，培育并壮大老龄事业和产业，加强公益性养老服务设施建设，鼓励社会资本兴办具有护理功能的养老服务机构，每千名老人拥有养老床位数达到30张。”《规划纲要》的发布为我国在之后的5年中助老、助残事业的稳定发展指明了方向，从政策层面将更好地引导康复器械事业的长足发展，科学应对人口老龄化，进而更好地服务残疾人与老年人。我国《卫生事业发展“十二五”规划》中提出向群众提供连续的预防、保健、医疗、康复等系列服务，增强康复医疗等领域的医疗服务能力、大力发展康复医院等延续性医疗机构。

在医学卫生领域，近年来出台了一系列促进康复医学发展的政策，这些政策对促进康复器械的发展具有重要意义。卫生部于2011年正式发布《综合医院康复医学科建设与管理指南》，并于2012年3月发布了《康复医院基本标准（试行）》。此外，卫生部还于2012年启动了国家临床重点专科即康复医学科评估工作以及康复医疗服务体系建设试点工作。

2017年2月，国务院印发《“十三五”国家老龄事业发展和养老体系建设规划》，鼓励有条件的地方研究将基本治疗性康复辅助器具按规定逐步纳入基本医疗保险支付范围。同时在医疗系统，部分康复器械已在部分省市纳入医保支付范畴。

2. 科技支撑

2009 年 7 月，民政部召开了全国民政科学技术和技能人才大会，时任民政部副部长的李立国（现民政部部长）在大会报告中指出："康复器械业从假肢矫形器零部件生产及装配技术研究发展到康复器械基础理论、应用技术体系、产品开发和推广体系研究，并开始注重残障人员社会心理、相关法律法规和制度建设等研究。"同期，民政部发布了《全国民政科技中长期发展规划纲要（2009—2020 年）》，康复器械作为重点领域及优先主题之一，指明了今后 10 多年的发展思路及重大科技工程的发展规划。

科技部在"十一五"期间首次专门对康复器械进行科技立项，并通过科技支撑计划、863 计划等科技计划支持了多个专门面向残障者的重大科研项目，国家投入 1 亿多元，开展了"残障人生活保障辅具研究""智能轮椅关键技术、单元部件及目标产品的研发"和"伤后常用康复辅具应用方案研究""残障人功能康复辅具研究"等国家科技支撑计划、863 计划项目课题，在辅具领域形成了一批重大关键技术及共性技术研究成果；2009 年 7 月成立"中国医疗器械产业技术创新战略联盟"，旨在通过创新资源整合，推动辅具产业的跨越式发展。

2011 年 11 月，科技部发布的《医疗器械科技产业"十二五"专项规划》把康复器械作为 5 个重点发展的产品领域之一，计划在康复领域，围绕我国"人人享有康复"的需求，根据普惠化、智能化、个性化等发展趋势，研究结构替代、功能代偿、技能训练、环境改造技术产品。着力突破智能假肢、人工喉等标志性产品的研发瓶颈，重点支持人工耳蜗、生活辅助系统（智能助行装置、高性能助听器等）、老年人行为功能训练系统、脑卒中患者及运动功能缺失患者的专科康复训练系统等产品，发展人工视觉、肌电及神经控制假肢、基于神经信号的新型康复训练等产品，加快先进的智能化、低成本康复器械的研发，提高康复设备普及率。此外，上海、北京、浙江等发达省市科委也在近年来立项了许多康复器械相关项目。同时在这些科技项目的带动下，我国已经在康复器械领域取得了一批重要成果。

2017 年 6 月，为加速推进医疗器械科技产业发展，科技部办公制订并发布了《"十三五"医疗器械科技创新专项规划》（以下简称"规划"），明确了医疗器械行业发展面临的新的战略机遇及目标，提出了医疗器械前沿技术和重大产品的发展重点。《规划》提出，加速医疗器械产业整体向创新驱动发展的转型，完善医疗器械研发创新链条；突破一批前沿、共性关键技术和核心部件，开发一批进口依赖度高、临床需求迫切的高端、主流医疗器械和适宜基层的智能化、移动化、网络化产品，推出一批基于国产创新医疗器械产品的应用解决方案；培育若干年产值超百亿元的领军企业和一批具备较强创新活力的创新型企业，大幅提高产业竞争力，提升国产创新医疗器械产品的市场占有率，引领医学模式变革，进而推进我国医疗器械产业的跨越发展。

二、我国康复器械技术进展

我国近年来依赖于各级政府科技计划及企业自主研发，在康复器械技术与产业的多个领域取得了一系列进展。

（一）神经康复机器人

我国在神经康复机器人的研发和生产方面相对于发达国家起步晚，起点低。随着中国社会老龄化进程的加快，神经康复训练机器人的研究受到了国内院校越来越多的重视。包括清华大学在内的多个高校已经在近几年开展了相关研究。清华大学开发的二连杆上肢康复机器人实验样机，实现了主动运动、抗阻运动和被动运动等训练模式。哈尔滨工业大学研制的5自由度上肢康复机器人，提取和识别健侧表面肌电信号来对机器人实施控制。浙江大学、上海理工大学研制用于偏瘫患者运动康复训练的手功能外骨骼系统。此外，清华大学和国家康复辅具研究中心等产学研研究团队依托国家科技支撑计划，研制了截瘫患者行走训练系统及数字化下肢残肢功能综合训练系统等。然而目前我国研制神经康复机器人的企业极少，只有广州一康医疗设备实业有限公司、上海璟和技创机器人有限公司等极少数企业有商业化的产品。上海理工大学、复旦大学附属华山医院联合研制了“智能化减重多态康复训练评定系统”，并在2012年成功地在国内实现了第一个下肢康复训练系统的商业化技术转移。

（二）康复护理机器人

我国国内的护理机器人研究起步较晚，现主要集中在辅助操作护理机器人这一主要领域。以哈尔滨工业大学、北京航空航天大学等单位研制的护理机器人为代表，目前都处于原型机研究阶段，机器人具有6自由度双机械臂，能完成取物、开门、倒水等功能，通过激光导航自主载人运行，能遥控多种家用电器，还能够检测门窗入侵、火灾烟雾、煤气泄漏等，并具有语音识别、人脸图像识别等人机交互功能。2011年，国家康复辅具研究中心通过国家“十一五”科技支撑计划课题研发了“残障人专用生活起居床”，该设备集成了智能控制、人机交互、生理信息检测、防褥疮等关键技术。

总体来说，尽管我国护理机器人在技术和样机方面取得了重要进展，然而由于其服务任务的多样性和环境的复杂性，康复护理机器人在导航的智能化、操作的灵活性、人机交互的可靠性、系统安全性等方面还存在众多挑战。我国护理机器人大都停留在模仿国外产品的阶段，创新功能与智能技术的应用还比较少。虽然少数康复护理机器人能实现语音控制、取物等主要功能，但在人性化智能交互系统的设计上还有待进一步提高。

（三）电生理监测与评价设备

目前，我国在电生理医疗监护仪器技术与产业化方面取得了重要进步，生产电生理监护与评价设备的企业有数十家，产品功能正由单纯诊断向康复、理疗、保健、强身等多功能方面延伸，能够生产包括肌电图、脑电图、脑磁图、诱发电位仪、睡眠监护、术中神经监护等系列电生理仪器设备。然而在睡眠监护、术中神经监护与脑磁图仪器技术方面与国外还有一定的差距。

在神经电生理领域，上海的产业具有一定的竞争优势，如，上海诺诚电气有限公司经过十余年的发展，已成为国内神经电生理领域的领航企业之一，其产品覆盖了神经内外科、儿科、精神科、ICU 等临床十几个科室，是目前国内专业的、产品最齐全的神经电生理产品供应商。

神经电生理监测与评价设备是康复医学的重要设备之一，可用于临床康复评价与老人监护等。

（四）家庭康复诊疗设备

按照 ISO9999 对康复器械的分类，家用型个人用诊疗设备也属于康复器械的一种，大多为医用医疗仪器的小型化和创新产品。近年来，我国在家庭用医疗设备方面取得了可喜的进步，常用家用医疗仪器均实现了国产化。如，我国最大的家庭医疗设备生产商江苏鱼跃医疗设备有限公司可以自主生产血糖仪、血压仪、呼吸器、供氧机等常见的家用医疗设备，此外心电监护仪、脂肪测定仪、血脂测定仪、中低频理疗设备等产品也完全实现了国产化。然而，国内高档家用医疗设备产品市场被国外或跨国公司占领的局面还没有改变。

根据国内相关权威机构调研：未来 10 年，中国健康产品特别是家用医疗器械的消费额，将在目前的基础上以几何级增长，将形成全球引人注目的一个千亿价值的市场，可能代替日本成为世界第二大医疗保健用品市场，我国家用医疗器械产品有巨大的发展空间。

（五）基于物联网的远程康复系统

我国在基于物联网的远程康复系统方面起步较晚，但近年来进步快速。目前，我国复旦大学医学院、北京大学医学院、清华大学、浙江大学、军事医学科学院等高校和研究机构都在开发和设计适合我国国情的远程医疗系统，其中就包括家庭远程康复产品。2007 年电子科技大学提出一个以当前主流的 ARM 嵌入式微处理器为核心的远程健康监护模式，并在此基础上实现基于社区和家庭、以家庭为核心的“家庭—社区医院—中心医院”三层体系结构的远程家庭健康监护系统。我国台湾地区台大医院生物医学工程中心的 FY92 远距离居家照顾服务计划中，采用了 IEEE 传感器接口和无线通信协议将监测数据传入网络，并通过 WLAN 发射到基站。服务中心的人员收集和分析互联网上的资料并通知医生，或者通知急救中心采取急救措施。目前，我国已经有多个商业化的物联网远程康复系统，如，南京物联传感科技有限公司开发了实现远程老人监护的系统；北京中科康馨电子技术有限公司是国内领先的远程健康监测解决方案提供商和服务运营商，推出了“中科康馨健康监测设备”和“中科康馨健康信息分析系统”，提供远程健康监测和健康管理服务。

（六）电动轮椅车

我国已是世界上第一大轮椅车生产国，现有100家以上的普通轮椅生产企业，年产量为200多万台。国内较为知名的轮椅车品牌包括上海互邦、上海上奥、江苏鱼跃、广东佛山等。传统上，我国基本是生产中低档产品，且大多数是手动轮椅车。近年来，我国在电动轮椅车生产领域取得了突破性进展。目前我国已经能够自主生产轮椅控制器、变速器、离合器等关键零部件，促使电动轮椅车的性价比大幅提升，增强了与外资品牌的竞争力。然而，我国电动轮椅车质量还不够高，中高档及多功能、特种功能电动轮椅车的市场还主要被国外品牌占领。

（七）功能性电刺激设备

功能性电刺激设备的研发是康复器械的一个重要发展方向。我国目前在这一领域的产品主要是体外电刺激设备，尤其是应用于足下垂纠正的产品较多，中国讯丰通（XFT）公司生产的足下垂助行仪在国内较为知名。在脑卒中上肢功能性电刺激设备研究方面，上海诺诚电气有限公司与上海理工大学等单位在上海市科委支撑计划的资助下，正在研究连续电刺激设备用于实现手功能辅助运动与训练。

尽管我国市场自主研发的植入式电刺激设备极少，但作为植入式神经电刺激设备的人工耳蜗的研发最近有新的进展。2012年，上海力声特医学科技有限公司成功研发了人工耳蜗，并取得国家食品药品监督管理局颁发的医疗器械注册证，进而实现了国产人工耳蜗技术商业化的突破。

三、康复器械产业发展态势

近年来，我国康复器械产业平均增速在25%~30%，远高于同期国民经济平均增长水平。我国已初步建立了多学科交叉的康复器械研发体系，产业发展初具规模，一些地区呈现集群发展态势。随着新医改政策和扩大内需政策的实施，特别是对基层卫生体系建设投入的大幅增加，我国康复器械产业市场前景非常广阔。从长期看我国康复器械市场潜力巨大，目前行业正处在整合发展临界点。在综合化和专业化发展过程中，将催生未来的行业巨头。产业升级大势所趋，我国康复器械行业正从传统制造走向高科技发展之路。制造加工是我国康复器械行业发展的基础，经过积累已经形成了完整的产品体系，并在中低端产品领域处于举足轻重的地位。

我国正面临老龄化加剧的困扰，居家养老是政府鼓励的主要养老模式。随着我国步入小康社会，人民生活水平大幅提升，我国的康复器械产业正在家庭康复诊疗设备、居家无障碍环境改造器具、室内外移动辅助设备（轮椅等）、神经康复设备等方面发展迅速。例如我国代表性的家庭康复器械生产企业——江苏鱼跃医疗设备有限公司，其于2007年上市，2020年度营业收入为67.34亿元，同比增长45.26%；归属于上市公司股东的净利润为17.91亿元，同比增长138.04%。预计公司未来3~5年内仍将保持40%左右的复合增长率。如，公司在轮椅、制氧机、超轻微氧气阀、雾化器、血压计、听诊器等6个产品的市场占有率已经达到国内领先位置。我国康复器械行业在神经康复设备、居家无障碍改造器具及电动轮椅车生产领域也发展很快。

四、康复器械行业分析

（一）康复医疗器械行业市场现状分析

从供给端看，中国面临着康复床位缺口巨大、综合医院康复科建设不足、社区康复科建设不足、康复行业医务人员短缺等问题。需求旺盛叠加供给逐渐弥补，中国康复器械将保持高速增长。据统计，截止到2019年中国康复医疗器械行业市场规模为343亿元，同比增长22.5%。

神经康复领域是电刺激疗法的另一运用，主要针对脑卒中、帕金森等中枢神经及周围神经损伤导致的运动功能障碍，如，偏瘫、肌萎缩、肌力低下、步行障碍、手功能障碍等。经颅磁刺激是一种无创、无痛的大脑刺激技术，通过将磁场转变为感应电场，能够改变细胞膜电位，从而使神经元产生一系列的生理、生化反应，进而达到调节神经细胞功能的目的。该技术主要用于精神康复和神经康复，近10年来在治疗抑郁症、脑卒中后遗症、帕金森等疾病上取得了显著疗效，逐渐成为精神领域疾病的重要技术。

据统计，2019年全国抑郁症、脑卒中、帕金森患者数量约为6360万、1760万、295万，经颅磁刺激仪本身具有无创、非侵入式、副作用小、不易成瘾等特点，配合药物和其他康复训练能起到很好的理疗效果，未来的渗透率有望不断提升。

盆底及产后康复主要针对产后女性和中老年妇女的常见的盆底功能障碍，比如尿失禁、盆腔脏器脱垂、排便障碍、腹直肌分离、腰背痛、产后疼痛、子宫复旧等症状，临床使用中通常联合生物反馈进行治疗。据统计，2019年国内盆底及产后康复电刺激医疗器械市场规模为5.4亿元，2014-2019年复合增长率为46.5%。

电刺激对重建脑卒中患者预后的肢体功能障碍具有重要作用，据统计，2019年全国电刺激康复医疗器械市场为8.8亿元，同比增长35.4%。

当前，在临床上盆底磁刺激仪主要用于尿失禁、轻中度盆腔脏器脱垂、神经源性膀胱、尿频尿急、盆底痛、前列腺增生等疾病或功能障碍的治疗。与电刺激疗法相比，盆底磁刺激具有高强度、高穿透性、非侵入性、无痛刺激等优势。据统计，2019年全国磁刺激康复医疗器械市场规模为4.3亿元，同比增长95.5%。

电生理类康复器械运用广泛，且行业发展较为成熟，产品用于神经康复、精神康复、新生儿科等领域。表面肌电分析主要用于脑卒中患者康复评定；生物反馈仪主要用于焦虑、抑郁、失眠等精神疾病的治疗；新生儿脑电测量仪用于帮助临床开展新生儿脑损伤筛查、脑功能监护和脑发育评估。据统计，2014-2019年，中国电生理康复医疗器械市场规模从3.6

亿元增加到5.8亿元，年复合增长率为13.2%。

随着市场需求不断增长以及扶持政策加码，康复医疗器械作为提高失能者及老年人生活质量的重要工具将受到市场重点关注。便携式监测和智能辅助产品将成为康复医疗器械市场发展的重要推动力。

随着物联网技术不断提升以及智能硬件设备的飞速发展，康复辅助器械智能化、信息化的发展将对康复医疗产业起到巨大的促进作用。截至2014年年底，全国共有康复机构6914个，开展肢体残疾康复训练服务的机构达2181个，全国共对36.7万肢体残疾者实施康复训练，而我国肢体残疾者超2400万人，康复装备供应与临床需求存在巨大缺口。智能康复辅助医疗器械产品具有积累动态数据、智能分析治疗效果、优化治疗方案等优点，并能帮助人体完成肢体动作、实现助残行走、康复治疗、减轻劳动强度等功能。

（二）康复医疗器械行业发展趋势分析

康复医学和预防医学、保健医学、临床医学并称为“四大医学”。康复医学治疗的对象和范围包括各种原因引起的功能障碍者、慢性病患者、亚健康人群，同时还有不断增长的老年人群。

目前，中国有2.7亿慢性病患者和1亿多慢性疼痛患者，其中80%的慢性病患者需要康复治疗。截至2011年12月底，全国60岁以上人口约1.9亿人，其中需要康复服务的患者约7000万人。2020年，60岁以上人口达到了2.43亿人，占总人口的16% ~ 17%。人口结构的深刻变化，神经系统和骨关节系统疾病人群基数的不断扩大，都将逐步成为康复医学服务的重要对象。

随着康复技术的不断发展，以康复机器人产品为代表的智能康复理念开始兴起，逐步成为康复医学和科室建设的紧要命题。它能通过先进的脑机接口、力反馈、多维传感器、高性能伺服电机、机器人算法等技术，让传统枯燥的人工训练变得高效有趣，以高端的信息化手段实现不同设备、不同康复机构之间的互联互通，助力三级康复服务网络建设。

虽然我国康复医疗发展迅猛，但康复专业人员相对缺乏，机构服务能力较弱。我国有着巨大的康复医疗市场需求。相关数据显示，我国目前残疾人已达到8500万人，其中5000多万人有康复需求。众多企业已经看到我国康复医疗市场蕴藏的巨大商机，越来越多的国外大公司在中国建立研究机构、生产基地，而中国的企业也在不断发展中走向世界，参与国际的竞争，我国康复医疗市场潜力不可谓不大。

五、国内康复器械技术发展的主要瓶颈

尽管我国近年来在康复器械技术领域取得了令人瞩目的进步，然而由于起步晚，政府前期支持力度小等因素，总体上来说，无论是在康复器械产品技术水平、产品种类与质量，还是产业规模等方面，我国均与发达国家有很大差距，主要表现在如下几个方面。

（一）康复器械保障体系尚未建立健全

我国当前需要配置或使用康复器械的老年人和残疾人数量巨大，而需求能够得到满足的尚不足 10%。尽管我国近年来在康复器械进入医疗保险、工伤保险、残疾人保险等政策领域做了大量工作，出台了一些扶持政策，但很多康复器械支付体系的政策研究与政策引导尚处于起步、摸索阶段，针对残障群体的辅具配置、医疗机构的临床康复器械使用等还得不到有力的保障。

（二）制造技术基础薄弱，产品档次较低

目前的康复器械市场还没有形成国有产品和自主产品占主导地位的格局，尤其是中、高档康复产品市场几乎全被国外产品占领。尽管康复器械是一种“顶天、立地”型产品，但即使是“立地”型的普适性产品，其制造质量与发达国家还有较大差距，如，上海市残疾人辅助器具资源中心发布的信息显示，虽然上海市政府免费向残疾人配发了轮椅车、盲杖、助行器、坐便器等简易型辅助器具产品，但因用户对大部分国产产品质量均不满意，残联不得不大量采购进口产品，而同样功能的康复器械，通常国外品牌的价格是国产的 3~10 倍。“立地”型康复器械整体水平不高，而“顶天”型产品整体水平差距更大。

康复器械是典型的技术交叉型产品，涉及机械、电子、材料、控制、信息等多个技术领域，这些领域（特别是机械、电子、材料）的基础制造水平直接影响到康复器械的生产质量，如轮椅车就直接与机械制造工艺有关、矫形器直接与材料技术相关。由于我国大部分康复器械企业属于中小型企业，其自身的机电制造工艺与质量管理水平薄弱，加之我国材料与机械、电子制造业工艺水平与先进国家有一定差距，这些因素直接影响了我国康复器械产品质量的提高。

（三）企业整体规模小，产品种类少

由于历史原因，我国生产康复器械产品的企业分属不同部门多头分散管理，更多的小型企业没有明确的归口管理单位。据不完全统计，目前我国具有一定规模的康复器械生产企业有约 200 家，除少数外商独资、中外合资和国营假肢生产企业外，多数是股份制或个体小型企业。

由于受制于企业实力不足、政府前期科技投入少、生产厂家和社会对残疾人的认知程度不高、设计开发思路狭窄等因素，康复器械行业的产品创新能力差，大部分企业以仿制国外产品为主。目前我国康复器械还面临高端产品、普惠型产品种类少及数量匮乏的问题。国际标准中的 12 个主类、共 700 多个支类的康复器械，我国仅开发了 200 多个支类，且品种数量和质量方面与国际水平相差甚远。广大残障人群迫切需要的低成本、实用型的中、低档产品供应存在很大缺口，在目前供应的辅助器具中，功能完善、技术含量较高的中、高档产品的生产存在很多空白，远远满足不了国内需求。

（四）行业人才匮乏，创新能力不足

在康复器械行业人才培养方面，我国与国外存在巨大的差距。目前我国仅上海理工大学一所高校开设了康复工程技术专业。尽管北京假肢矫形技术中等专业学校与首都医科大学联合招收假肢矫形工程专业学生，但其仅偏重培养假肢和矫形器的设计与制造专业人才。目前，国外康复工程技术人才培养远远领先于我国。尽管美国、日本等国人口数量少，然而仅就开展假肢矫形技术人才培养的高校而言，美国就有 15 所、日本有 10 所。美国另有培养康复工程方面研究生的高校近 100 所，而我国仅有清华大学、上海交大、上海理工大学等不到 10 所高校。近年来，许多康复器械生产、装配企业面临康复工程人才严重匮乏的困境。

此外，我国康复医学专业人才数量也远不能满足行业需求。我国现阶段需要康复治疗师 11.47 万人，而人才缺口达 10.09 万人。全国有康复医学专业技术人员 39833 人，仅占全国卫生技术人员总数的 0.72%。由于康复专业人才的匮乏，我国 20% 的省部级综合医院、30% 的市级综合医院和 56% 的市级以下综合医院康复医学科不具备早期康复介入能力，仅以提供传统康复医疗服务为主。若参照国际平均水平，考虑到全国两万医疗机构和社区卫生服务机构需求，我国对康复治疗师的需求量达到 30 万人，人才缺口十分巨大。与此同时，企业难以招到康复医学专业人才，不能形成康复器械需要的“医、工”结合型研发模式，影响产品创新。

（五）关键共性技术尚未突破

我国康复器械的关键共性技术现状影响着康复器械行业的发展。康复器械的关键共性技术主要包括：①康复器械工业设计与人因工程学；②智能人机交互技术；③康复物联网及远程交互技术；④微弱电生理信号提取与处理技术；⑤康复工程机械生物学设计技术；⑥穿戴式传感器技术；⑦用于人体穿戴式器械的微机电部件设计与制造技术；⑧生物相容性轻型材料的开发等。

由于我国康复工程发展时间短、对康复器械发展重视程度不高及科技投入严重不足等原因，在这些关键共性技术领域，我国均没有获得具有国际竞争力的技术突破。如，康复器械工业设计与人因工程学科目前在国内还基本处于空白，这也是为何我国设计的康复器械在感官、材质、工艺及舒适度等方面明显落后于国外产品的原因之一；用于人体穿戴式器械的微机电部件，如直流微型电机、大传动比微型变速器等，我国目前基本需要进口；在线监测人体生理参数的穿戴式传感器我国还没有获得技术突破，也基本依靠进口；智能人机交互技术中的运动捕捉技术、视觉识别技术等还远没有形成可以商业化的技术产品；神经康复机器人等产品中由于缺乏康复工程的机械生物学设计，在一定程度上影响了国产产品功能质量的提高。

第二节　国外康复器械的主要发展方向

一、国外康复器械的发展方向

（一）信息化和网络化

1. 物联网技术的应用

信息技术在生产、科研教育、医疗保健、企业和政府管理以及家庭中的广泛应用对经济和社会发展产生了巨大而深刻的影响，从根本上改变了人们的生活方式、行为方式和价值观念。将物联网技术用于康复医疗领域的智能医疗设备行业将成为未来的重要产业之一。智能医疗是通过打造健康档案区域医疗信息平台，利用最先进的物联网技术与云计算技术，实现患者与医务人员、康复机构、康复设备之间的互动，促使康复医疗服务逐步达到信息化。在不久的将来，康复医疗行业将融入更多人工智慧、传感技术等高科技，促使康复服务走向真正意义上的智能化，推动医疗事业的繁荣发展。物流、电子商务等相关服务业将进一步推动智能医疗向电子信息化和人工智能化方向发展。

英国萨格公司与美国大保健公司合作，于2013年在英国市场推出装有大保健（Grandcare）健康监测系统的电脑。这一计划正是对居家康复服务中信息化与物联网技术应用前景有信心的表现。目前，美国很多大学在无线传感器网络方面已开展了大量工作，各大知名企业也都先后参与了无线传感器网络的研究。2009年美国政府随即新增300亿美元的ICT投资（包括智能电网、智能医疗、宽带网络三个领域），鼓励物联网技术的发展。医疗健康行业已是美国政府政策主要体现的三大物联网技术应用领域之一，其中面向老年人的居家健康检测与康复又是物联网智能医疗应用的重点方向。

2. 基于智能手机平台的远程康复

随着智能手机的普及，物联网技术呈现与智能手机相结合实现智能远程康复的趋势。基于智能手机平台的远程康复主要体现在如下几个方面。

（1）居家生理参数监测

在挪威，医务人员使用嵌入式移动技术及无线通信机器和设备，通过传感器监测单独住在家里的老人将面临的危险或生病的迹象。对于糖尿病患者来说，将血糖监测（CGM）系统植入患者皮肤下，通过传感器对血糖水平连续读数，血糖测量数据每五分钟，通过传感器传送到一个手机大小的接收器中。这些信息可通过网络及时发送给医务人员。

（2）老人居家安全监测与预警

应用物联网（M2M）技术的传感系统进行老年人远程监测与预警，包括跌倒探测器、电子床单、癫痫报警和GPS定位、探测器、湿度传感器等。这些设备一旦被触发即刻便会报警，以文字的形式发送给医疗服务提供者。例如，西班牙红十字会为阿尔茨海默症（老年痴呆症）患者配备一个GPS接收器，可以每三分钟记录其位置，如果超出了预先设置的地理区域，该设备便可以被触发从而报警，并报告患者的举动。

（3）远程康复治疗与训练

通过对家用康复训练与理疗终端设备进行智能手机接口设计，患者在家中进行康复训练与治疗的参数可以存储在智能手机中，并通过互联网直接上传给主治医生，同时医生也可以使用智能手机与患者进行直接沟通，进行康复训练和治疗的指导。

（二）自动化与智能化

由于康复器械主要用于机体功能有缺陷的患者，因此，其本身的自动化，以及与患者之间人机交互的智能化对康复器械的使用具有重要意义。随着计算机与人工智能技术的进步，国际上的康复器械也越来越朝着自动化与智能化方向发展。这一趋势既表现在医疗机构用康复器械上，也可见于老年人和残疾人使用的生活辅助康复器具。美国密苏里大学的研究者目前正利用为遥感游戏Xbox而开发的Kinect运动感应器，来远程监测老年人的居家健康状况，这种技术可以远距离智能探测老年人的日常活动，并通过设计的软件识别报警。2013年2月，在西班牙巴塞罗那举行的2013世界移动通信大会（MWC）上，日本富士通公司最新研制的一种内置卫星定位的安卓系统智能手杖亮相，手杖中装配有GPS、3G网络和无线网络，能够帮助城市老年人找到回家的路，同时还能有效监控心率和体温等生命特征。

国际上康复器械自动化与智能化发展还主要体现在康复机器人的研发上。2010年，日本松下公司研发出可以为长期卧床的重残者洗头的机器人，其能自动完成从倒洗发水、搓洗、清洗到吹干等系列动作。2012年1月，一名美国伤残军人安装了约翰-霍普金斯大学研究的智能化手臂。该“手臂”完全由人脑智能控制，可实时收集在残肢肌肉中保留的大脑信号，将其转化为假肢能够读懂的电脑指令语言，进而驱动金属假肢产生相应运动。德国奥托博克医疗公司将Wii游戏机的速读与方向遥控技术运用到新型Genium仿生腿中，该仿生腿可准确判断人的各种运动状态，既可完成基本的站立和移动动作，也可在10种复杂运动状态间轻松切换。此外，康复训练机器人中也大量使用智能控制技术，可以自动感应患者的运动速度与力量，进而自适应并输出相应的动力或阻尼。

康复护理机器人中的智能交互技术是另一个重要的发展方向，如日本研发的智能护理床机器人可以让全瘫患者通过吹吸气、眼动等智能交互功能实现患者无障碍地使用电脑及上网。松下公司研发的搬运护理机器人，不仅具有视觉、听觉、嗅觉等感知能力，还能帮助护理人员对卧床患者移位。目前全球70%的工业机器人由日本制造，日本经济产业部希望日本的机器人市场规模能在2025年增长至6.2万亿日元（约合635亿美元）。目前，眼控、声控、脑控等智能化人机交互技术作为康复器械的关键共性技术之一，正越来越多地应用到各种康复辅助产品中。

（三）家庭化与小型化

发达国家医疗保健体系的发展经历了三个阶段：第一阶段，医疗保健完全依靠综合或专科医院；第二阶段，大病、重病依靠综合或专科医院，常见病、多发病以社区医院为主；第三阶段，以综合或专科医院为骨干，社区医院为分支，家庭医疗保健、康复、预防为补充。随着人们生活水平的不断提升，健康意识的不断增强，疾病预防胜于治疗的观念已经深入人心，如何自我诊断、自我治疗、自我护理、自我保健越来越受到人们的关注，一些简便、易用的康复保健器具在家庭中迅速增多。老年人口的不断增多也为家用医疗康复器械市场带来了更大商机，同时，家用医疗康复器械的发展也与新的康复医学发展所倡导的“预防为主”的方向不谋而合。家用康复医疗器械必将是以渠道终端便捷化、服务人性化、消费用户普及化为终极目标。2013 年 1 月在美国拉斯维加斯举行的国际消费电子展显示，适应老年人康复保健的消费电子产品成为市场新的趋势。

随着微电子技术和网络技术的发展，体积更小、能耗更低、同时具有可成像和远程诊断及治疗的康复器械将成为未来发展的主流方向。

从半导体封装到通信接口、电池和显示技术，无不受到便携式和小型化医疗电子设备需求的影响。芯片级封装、裸片和挠性 / 折叠印刷电路板已经极大地缩小了电子设备占用的总系统空间。将其同一些新的黏接和焊接流程技术结合可能会实现医疗系统的便携性，有些医疗系统甚至小到可以吞咽。利用触摸屏控制，可轻松地减小人机接口尺寸。这样一来就完全消除了医疗设备上对于任何按键或按钮的需求，甚至允许存在多层、可自定义菜单。通过使用低功耗无线接口进行远程显示和人机接口的近距离通信，让其又往前迈进了一步。简而言之，当今的封装、组装、可用性和电源管理等方面的技术让许多应用（不仅仅是实现便携性）都融入了小型化的世界中。

二、发达国家康复器械创新的主要进展

（一）康复机器人

比尔·盖茨曾预测：“机器人即将重复个人电脑崛起的道路，点燃机器人普及的‘导火索、这场革命必将与个人电脑一样，彻底改变这个时代的生活方式。”实际上，作为服务机器人之一的康复机器人已是 21 世纪发展最迅速的康复设备之一。

1. 康复训练机器人

神经康复机器人的应用旨在利用机器人原理，辅助或替代患者的运动功能，或者进行康复训练，以实现千万次标准化的重复动作，促进神经功能重塑，进而恢复患者的运动及运动控制能力。近年来，发达国家在脑卒中等神经功能障碍康复机器人领域已投入巨资进行基础和产品化研究工作，陆续推出了多款商业化的上肢、下肢神经康复机器人。

其中较有代表性的上肢康复机器人有：瑞士苏黎世大学和苏黎世联邦理工学院联合开发的 Armin 系列上肢康复机器人、意大利圣安娜高等学校和比萨大学联合研制的上肢康复机器人 L-EXOS、英国纽卡斯尔大学和敦提大学共同设计的名为 MULOS 的 5 自由度上肢康复机器人、美国华盛顿大学根据人体上肢 7 自由度模型研制的名为 CADEN-7 的 7 自由度上肢康复机器人、日本佐贺大学的 Klguchi 等人研发的名为 SUEFUL-7 的 7 自由度上肢康复机器人。近年来，瑞典 Hocoma 公司推出了 Armeo 系列机器人，并于 2012 年推出 ArmeoPower 动力多自由度上肢康复机器人，这也是世界上第一款带外动力的多自由度商业上肢康复机器人。目前，国外许多下肢康复机器人也实现了商业化，如，瑞士 Hocoma 公司研发的最早用于临床的悬挂式康复机器人 Lokomat 以及 SWORTEC 公司研发的最先进的躺椅式 MotionMaker，德国 LokoHelp 公司研发的自动机电步态训练机器人等。这些机器人呈现出多自由度、智能自适应、多训练模式等特点。

2. 截瘫辅助行走机器人

康复机器人的另一个重要研究方向是辅助下肢功能障碍者，尤其是截瘫患者行走的穿戴式外骨骼机器人。由于其潜在的市场与军事价值，近年来几乎所有发达国家都在这一方向展开了科技竞争。美国 Argo Medical 公司在 2012 年推出的新一代下肢辅助行走机器人 ReWalk 具备了重心控制系统，它是由电动腿部支架、身体平衡感应器和一个背包组成的，背包内有一个计算机控制盒以及可再充电的蓄电池。它可以模仿自然行走的步态，并能根据实际情况控制步行速度。此外，美国还在 2011 年研发了下肢外骨骼机器人 E-Legs。

日本多个机构也开展了这一领域的研究，其中筑波大学成功研制出世界著名的 RobotSuit HAL 外骨骼穿戴式机械服，其高 160 厘米，重 23 公斤，利用充电电池（交流电 100V）驱动，工作时间可达到近 2 小时 40 分钟。HAL 可以帮助佩戴者完成站立、步行、攀爬、抓握、举重物等动作，日常生活中的一切活动几乎都可以借助 HAL 完成，其中下肢机械服已经在多家医院进行截瘫患者的临床试验。此外，以色列、德国、英国等国家也研发了下肢外骨骼辅助行走机器人。

3. 家庭护理机器人

国外护理机器人研究起步较早，日本、德国、美国、法国等国家在康复护理机器人技术领域起着主导作用。在日本，科学家已经成功将机器人应用到医疗护理及福利领域。如，日本的物理与化学研究所（RIKEN）实验室研制的机器人护士“Ri-Man”可以和人一样托起患者并保持身体平衡，完成看护患者的任务。日本最大的安全服务公司塞科姆开发的饮食辅助机器人“我的勺子”曾经获得经产省颁布的“2006 年度机器人大奖”特别奖。它能够用“手”挑选食物，并将其准确无误地送人人嘴里。美国匹兹堡的英特尔实验室和卡内基 - 梅隆大学研制的“HERB 家庭机器人管家”集成了先进的图像识别和感知装置，用于自动鉴别分析所处环境和环境中的物体。HERB 除了能够准确地执行使用者指令进行拿取物品的服务外，还能够模仿人类，学着主人收拾东西。英国 MikeTopping 公司开发的

Handyl 康复机器人是目前世界上最成功的一种低价、市售康复机器人，它可以实现为使用者洗脸、刷牙、刮脸和喂饭的生活辅助功能，还可以辅助患者进行诸如绘画等娱乐活动，丰富患者的生活。除了这些产品，还有德国的 CareO-bot3 和 Casero 家庭护理机器人，韩国的银色伙伴等智能护理机器人产品，总体来说，国外护理机器人整体发展很高，且发展势头迅猛，相关产品在不断出现。

此外，高端智能的护理床也是一种护理机器人，只有少数发达国家企业才有研制，如，美国的 Stryker Medical，波兰的 ArjoHuntleigh，日本的八乐梦等，这些产品大多融入智能控制、人机交互、生理信息检测、防褥疮等技术，但其售价较高，每张床达到数万美元。国外先进的护理床机器人还引入了远程监护等新技术，并在不断开发具有自主创新技术的系列化新产品。

4. 智能轮椅

智能轮椅是将智能机器人技术应用于电动轮椅，融合多个领域研究技术的产品，其包括：机器视觉、机器人导航和定位、模式识别、多传感器融合及用户接口等，涉及机械、控制、传感器、人工智能等技术，也称智能轮椅式移动机器人。在高性能的智能轮椅开发研制方面，欧美发达国家占主导地位，研制的智能轮椅技术相对比较成熟，功能各异，科技含量高，有一些产品已投入市场使用。自 1986 年英国开始研制第一辆智能轮椅以来，许多国家投入较多资金研究智能轮椅。由于各个实验室的目标及研究方法不尽相同，每种轮椅解决的问题及达到的能力也不同。西班牙 SIAMO 公司研发的智能轮椅系统包括一个完整的环境感知及综合子系统、一个高级决策导航与控制子系统和人机界面三个部分，人机界面有五种方式：呼吸驱动、用户独有语音识别、头部运动、眼电法及智能操作杆。美国麻省理工智能实验室的智能轮椅 Wheelesely 为一半自主式机器人轮椅，配备有控制用的计算机和传感器的电动轮椅，还装有一个 Macintosh 笔记本电脑用于人机界面交互。澳大利亚大学的 AlexZelinsky 教授在该机器人基础上引入眼睛跟踪仪，使该轮椅区别于其他轮椅的特点是系统通过探测用户面部角度和瞳孔方向来控制轮椅，使其可以沿着用户目视的方向运动，当用户向下看时轮椅减速，眼睛抬起时轮椅加速。

（二）智能视觉与语音交互

作为康复器械的关键、共性技术的人机交互技术，除脑机接口的交互技术之外，近年来发展了许多非接触式智能交互技术，包括基于视觉识别与语音识别的智能交互控制等，这些交互技术具有非常广阔的应用前景。

1. 手势控制

目前，手势识别的大部分研究主要集中在对手的方向和姿态的识别。美国伊利诺伊大学 Beckman 研究所和日本中央大学的系统工程学系都对这方面进行了研究。2009 年美国俄克拉荷马州立大学设计了可穿戴式手势识别系统。该系统由分割与识别两个模块组成。

基于神经网络的分割模块，用来检测手势的开始和结束点。在识别模块中应用了层叠隐马尔可夫模型技术。其采用多传感器融合的方式来收集从脚到腰部的传感信号，几个基本的手势被分配为多个不同的命令，进而帮助残疾人完成对家电的控制。最近，美国微软公司研发的 Kinect 运动捕捉系统已被大量用来实现康复设备手势控制的人机交互。2012 年美国 David Holz 和 Michael Buckwald Leap 博士研发了震惊世界的 LeapMotion 手指运动捕捉系统，通过红外 LED 和摄像头以其特有的方式来完成对手指的追踪。Leap 造价低廉、体积小巧，能同时追踪几十万个目标，是实现手势控制的人机交互的最新技术。

2. 眼动控制

目前基于眼球运动控制方式应用于无障碍环境控制领域的技术主要是眼电图法和计算机图形法。2000 年，Lankford 等人设计了基于视觉的眼球追踪装置，通过计算眼角膜反射与瞳孔中心的偏移量来控制鼠标。2003 年，Bates 提出结合眼动追踪和头部操作的计算机访问辅助接口。2011 年，韩国东国大学电气工程学院设计的基于眼球运动的无障碍控制系统通过物体识别和视线跟踪的方法，实现重度残疾人选择和控制家电设备的要求，该系统设计了一种可穿戴的眼镜形状的设备，使用红外相机和照明设备来捕捉图像。实验的结果表明获取的视线跟踪坐标和真实的物体位置只有 1.98 度的误差。谷歌在 2013 年推出的谷歌眼镜可以让穿戴式设备借助无线网络来控制房子周围的物体，该设备会使用视觉识别，通过比如 RFID、蓝牙、红外线甚至是 QR 码，来识别并控制设备。

3. 面部表情控制

随着计算机技术的发展，面部表情识别技术在无障碍环境控制技术领域发展起来。2002 年，Betke 为严重残疾人设计了一个基于视觉的鼠标控制接口，系统用摄像机追踪用户的面部特征（鼻、唇）以及身体其他部位的变化，将它们转换成屏幕上鼠标指针的移动。2003 年，K. Grauman 设计了基于视觉的控制接口“BlinkLink”，自动检测用户的眨眼，准确地测量其持续时间，自愿的长闪烁触发鼠标点击，非自愿的短闪烁会被忽略。2006 年，Mauri 等人通过面部色彩追踪，建立了一个残疾人的辅助控制接口。

4. 语音识别交互控制

语音识别技术尽管是一种已经研发了很多年的人机交互技术，然而由于其一直存在识别率不高及抗噪音能力差等缺陷，因此在康复器械中成功应用的实例很少。然而，随着美国等发达国家近年来对嵌入式计算机的高性能语音识别芯片的开发，语音交互技术正越来越多地应用于康复器械产品中。2011 年，新西兰梅西大学设计了一个帮助老年人起居的家庭自动化无线语音控制系统，该系统由通过语音命令的自动识别和低功耗的无线通信模块组成，通过语音命令来控制所有的灯光和电器，使用差分脉冲编码调制算法压缩语音数据。此外，国外智能轮椅、康复机器人等产品的研发中也有很多语音交互技术的应用。

（三）脑机接口

脑机接口（Brain-Computer Interface，BCI），也称作直接神经接口（Direct Neural Interface），它是大脑与外部设备间建立的直接连接通路。在单向脑机接口的情况下，计算机或者接收脑传来的命令，或者发送信号到脑，然而不能同时发送和接收信号。而双向脑机接口允许脑和外部设备间的双向信息交换。

应用于人体的早期植入设备被设计及制造出来，用于克服听觉、视觉和肢体运动功能障碍。发达国家主要在如下几个领域取得了脑机接口的创新成果。

1. 基于脑电智能头盔的意识交流

用外置式脑机接口实现人的意识控制一直是康复器械领域梦寐以求的人机交互技术。IBM 公司资深发明家凯文 - 布朗（Kevin Brown）最新设计的一种头盔装置（Emotiv 头盔）不但能探测感知人们的情绪，而且能够获得脑电波形，使用者可很快熟练这个软件系统，通过大脑意志控制水壶开关，调选电视频道，或者“思考”手机短信发送给好友。这将使大脑处于正常状态的全身截瘫者或言语障碍者受益匪浅。

2. 基于植入神经电极的机械手控制

脑机接口研究的主线是大脑不同寻常的皮层可塑性，它与脑机接口相适应，可以像自然肢体那样控制植入的假肢。日前，美国匹兹堡大学生物医学工程系的 Jennifer L Collinger 博士等通过在一位四肢瘫痪患者大脑皮质内植入电极，利用神经生物学方法控制高性能假肢，这种假肢可以自由实现各种空间活动。美国神经病学家里海 - 霍兹博格和布朗大学的约翰 - 唐纳休（John Donoghue）也曾在 2006 年合作完成了“脑门”工程。他们在一位 52 岁四肢瘫痪的患者大脑皮质区植入了 2 个 96 通道的皮质区微电极。患者自 15 年前受伤之后首次能通过机械手臂端起一个咖啡杯，并用吸管饮用咖啡。

意大利的一支医疗研究团队研制成功的一款新型仿生手，不仅能够完成复杂的动作，而且能通过与患者神经系统的衔接来让患者体验到“逼真”的触感。这款仿生手通过电极与患者的神经系统相连接，促使患者能像普通人一样利用自己的意念来支配仿生手的动作，仿生手也能够将相应的信号反馈给大脑。

3. 基于植入电刺激的仿生眼与人工耳蜗

全球大约有 3900 万人失明，视力代偿一直是科学家致力于攻克的技术难题，这一技术最近在发达国家获得了新的进展。以产生电脉冲刺激的电极代替感光的仿生眼，能帮助失明者恢复部分视力，让他们可以在人行道上行走，甚至阅读报纸。美国加州的第二视力医疗产品公司（Second Sight Medical Products）最近成功研发出第二代阿格斯人工视网膜系统（Argus Ⅱ Retinal Prosthesis System），并已获得欧洲监管机构和美国食品药物管理局（FDA）核准，在欧洲和美国上市，有望帮助失明者重见光明，目前，已帮助超过 60 名患者恢复不同程度的视力。以色列纳米视网膜公司于 2012 年也推出一款名为仿生视网膜的产品。这种装置能够通过发射柔和的近红外激光束为植入眼睛的仿生视网膜供能。仿生视网膜体型较小，眼科专家在视网膜上切一个小口，在30分钟内就可以把该产品植入眼睛。

除了植入仿生眼，人工耳蜗也是一种通过刺激电极实现脑机连接的一种电子装置。人工耳蜗由体外言语处理器将声音转换为一定编码形式的电信号，通过植入体内的电极系统直接兴奋听神经来恢复、提高及重建聋人的听觉功能。近20多年来，随着高科技的发展，人工耳蜗进展很快，已经从实验研究进入临床应用阶段。现在全世界已把人工耳蜗作为治疗重度聋至全聋患者的常规方法。目前全世界人工耳蜗市场主要被澳大利亚Cochlear（最早研制生产人工耳蜗）、美国Advanced Bionics和奥地利MED-EL等3家公司的产品所占领。人工耳蜗是迄今最成功、临床应用最普及的一种脑机接口。

（四）物联网

物联网是通过射频识别（RFID）、红外感应器、全球定位系统、激光扫描器等信息传感设备，按约定的协议，把任何物品与互联网连接起来，进行信息交换和通信，以实现智能化识别、定位、跟踪、监控和管理的一种网络。

物联网把新一代IT技术充分运用到康复治疗中，具体地说，就是把感应器嵌入和装备到康复设备中，然后将物联网与现有的互联网整合起来，实现患者治疗与康复系统的整合。在这个整合的网络当中，存在能力超级强大的中心计算机群，能够对整合后网络内的人员、机器、设备和基础设施实现实时的管理和控制。

美国是推动物联网在医疗、康复领域应用的主要国家。自1999年美国首次提出物联网概念以来，美国政府就不遗余力地大力推动这一技术的发展。2009年，美国提出了“智慧地球”的物联网发展理念，奥巴马总统还签署了7870亿美元的投资法案，指出将重点在健康医疗、智能电网及教育信息技术等三大领域推进物联网应用。由于面向老年人的居家健康检测与康复是物联网智能医疗应用的重点方向，近年来，基于物联网的居家健康与老人安全监测系统的应用已在美国取得了令人鼓舞的成果，如，巴塞罗那医院与Telefonica公司合作开发了基于运动传感器的系统，使医生能够在患者出院后，远程监控患者的康复过程。美国电信开展了从短信提醒患者按时吃药，到远程监控卧床在家患者饮食起居的服务。运营商甚至推出了一种可食用的电脑芯片，该芯片可以发送信号，把居家患者的生理信息发送到医生的电脑或手机上。这些信息可以帮助医生远程监控患者是否对药物产生了不良反应。

此外，欧洲的物联网行动计划，日本的“泛在社会”物联网等项目也均包含了远程医疗与康复的内容。世界发达国家中几乎所有的电信巨头，如法国电信（FTE）、英国Vodafone公司、美国AT&T公司、SprintNextel公司、Verizon公司，以及日本的NTT Docomo和KDDI公司都投资了基于物联网的健康保健产业。手机供应商们也正在加入一个拥挤的领域。由于成本上升迫使医院对病人的看护从医院转移到了家中康复。医疗设备巨头，如通用电气医疗公司（GE）、飞利浦（PHG）和西门子公司（SI），芯片制造商如英特尔（INTC）和无数创业企业都在开发远程监控设备、可穿戴的传感器以及与健康相关的移动电话应用。

（五）虚拟现实

虚拟现实（VirtualReality，VR）作为一种高科技技术，随着计算机技术的飞速发展而正逐渐显示出其强大的生命力。有人预言它将成为21世纪的十大热门技术之一。虚拟现实是针对人的感官（视觉、听觉、触觉和嗅觉等）产生虚拟效果的技术，具有沉浸性（immersion）、交互性（interaction）、构想性（imagination）等特点。虚拟现实技术还有许多应用领域有待人们的开拓。

虚拟现实技术已经被广泛应用于康复治疗的各个方面：在注意力缺陷、空间感知障碍、记忆障碍等认知康复，焦虑、抑郁、恐怖等情绪障碍和其他精神疾患的康复，运动不能、平衡协调性差和舞蹈症等运动障碍康复等领域都取得了很好的康复疗效。虚拟现实技术通过各种传感设备使用户“沉浸”于该环境中，实现用户与环境进行直接交互，并产生与现实世界中相同的反馈信息，致使人们得到与在现实世界中同样的感受。当前国际上研发的虚拟现实系统根据其沉浸程度和系统组成分为以下3种：第一，桌面式。以计算机显示器或其他台式显示器的屏幕为虚拟环境的显示装置，其特点是虚拟系统视野小、沉浸感差，但成本与制作要求低、易普及和实现。第二，大屏幕式。包括弧形宽屏幕、360° 环形屏幕甚至全封闭的半球形屏幕。这种大视野的虚拟环境较好地把观察者与现实环境隔离开来，使人和虚拟环境完全融合，虚拟效果接近完美。然而该虚拟方式的实现技术非常复杂，开发和运行费用昂贵，通常只为特殊用途而专门开发研制。第三，头盔式。是上述两种系统的折中，它将观察景物的屏幕拉近到观察者眼前，这样便大大扩展了观察者的视角，而头盔又把观察者与周围现实环境隔离开来，反过来增加了身临其境的效果。此外，在头盔上安装立体声和一些控制装置，则更加增强其沉浸感。

目前，美国、瑞士及英国等国家的高端康复训练设备中大多集成了虚拟现实技术，这种设备不但具有更好的康复效果，而且设备本身具有高附加值。

三、康复器械产业的国际发展概况

失能者是具有身体功能障碍的特殊群体，包括老年人、残疾人及伤病人。根据ISO和IEC的定义，失能是指人体机能或组织的问题，如功能异常或丧失，这可能是暂时性的（如由于受伤、急慢性疾病等引起的）或永久性的，可能随着时间的推移而有所变化，特别是年老引起的功能退化更加明显。全球大约有10%的人，即大约6.5亿人口失能。研究结果表明，这些人群里面又有30%需要康复器械（辅助器具）。因此，可以估算出，全球大约有占总人口3%，即近2亿的人需要使用康复器械。近几十年来在国际上，老龄化的现实导致老年辅具产品一直处在供需非常旺盛的状况。美国失能者组织提供的一份报告指出，美国2012年家庭康复器械的市场总额约60亿美元，年均增长率达到7%，大大高于经济增长水平。这是一个数量巨大的人群。

在传统的康复器械产业领域，轮椅车、假肢矫形器及护理床等产品已形成较大的市场，例如，全球著名的假肢生产厂家德国奥托博克（OttoBock）公司与冰岛奥索（OSSUR）公司，仅2012年销售额分别已经达到4.6亿欧元（约35亿元人民币）和5亿美元（约31亿元人民币）。2011年美国医用护理床的市场总额达53亿美元。至2020年，全球轮椅市场约27亿美元，同比增长12%。

此外，代表康复器械未来发展趋势的其他康复器械产品更是表现出惊人的发展速度，如，在日本，仅护理、康复机器人的市场份额就从2005年的25亿美元上升到2010年的105亿美元。基于物联网技术的、与康复相关的通信设备也呈现快速增长趋势，美国ABI研究公司发表的数据表明，仅与健康相关的无线通信设备的需求数量将从2009年的30万部增加到2014年的520万部。未来美国与物联网相关的健康产业预计还会迅速增加。

第三章　智能辅具产品

随着科学技术不断地发展，智能的概念越来越丰富，它的内涵越来越宽。康复辅具产品向智能化、人性化方向发展，智能辅具产业是继家电产业以后又一具有广阔发展前景的产业。大力发展智能辅具技术和产品，利用科技的力量来减轻家庭护理的负担，将是我国很长一段时间内的发展趋势。

第一节　智能辅具的基本概念

联合国发表报告指出，全世界人口老龄化进程正在加快，今后 50 年内，60 岁以上的人口比例预计将会翻一番，由于各种灾难和疾病造成的残障人士也逐年增加，他们存在不同的能力丧失，如，行走、视力、动手及语言等。残障人的身体健康既关系到人民生活，更关系到整个社会的安定和谐。关注残障人健康，提高常见病的后期康复具有社会安定、经济发展等多方面的重要意义。随着高新技术的不断升级和完善，未来社会，残障人可以享受机器人带来的智能化生活。目前，对重障人的生活环境自立控制装置与护理机器人系统的研究开发，正在愈来愈引起人们的重视。可以相信，机器人技术的发展和引入，必将给康复领域带来崭新的面貌，康复辅具领域的智能化将是一个发展的必然趋势。

一、什么是智能

（一）智能的定义

智能（intelligence）及智能的本质是古今中外许多哲学家、脑科学家一直在努力探索和研究的问题，但至今仍然没有完全了解，以致智能的发生与物质的本质、宇宙的起源、生命的本质一起被列为自然界四大奥秘。近年来，随着脑科学、神经心理学等研究的进展，人们对人脑的结构和功能有了初步认识，然而对整个神经系统的内部结构和作用机制，尤其是脑的功能原理还没有认识清楚，有待进一步的探索。因此，很难对智能给出确切的定义。我们认为，智能是指个体对客观事物进行合理分析，判断及有目的地行动和有效地处理周围环境事宜的综合能力。

（二）人工智能

人工智能（Artificial Intelligence），英文缩写为AI。它是研究、开发用于模拟、延伸和扩展人的智能的理论、方法、技术及应用系统的一门新的技术科学。人工智能是计算机科学的一个分支，它企图了解智能的实质，并生产出一种新的能以人类智能相似的方式做出反应的智能机器，该领域的研究包括：机器人、语言识别、图像识别、自然语言处理和专家系统等。人工智能是包括十分广泛的科学，它由不同的领域组成，如，机器学习，计算机视觉等等，总的说来，人工智能研究的一个主要目标是使机器能够胜任一些通常需要人类智能才能完成的复杂工作。

人工智能学科是20世纪中叶兴起的学科，经过半个多世纪的发展实践，已经取得了长足的进展并且在广泛的领域进行了实践应用。人工智能的目的就是让各种各样的机器像人一样思考，具有“智慧”，模仿人类大脑的功能指挥操纵身体的其他器官，做到“知行”合一。

（三）智能控制系统

智能控制系统（intelligent control system）是具有某些仿人智能的工程控制和信息处理的系统。所属学科：机械工程（一级学科）；传动（二级学科）；电气传动（三级学科）。

二、智能辅具的定义及其产品群

（一）智能辅具概述

人工智能的目的就是让各种各样的机器像人一样思考，具有“智慧”，模仿人类大脑的功能指挥操纵身体的其他器官，做到“知行”合一。智能辅具就是采用这样的科学原理，在辅具执行系统中组合了模仿人脑指挥身体器官行动的必要模块，使该辅具具有“感知外界环境变化的能力”“分析判断现实情况的能力”“操纵其他器官的能力”“反馈操纵结果的能力”，充分模仿了人类感觉器官采集信息，大脑分析归纳整理信息，肢体服从大脑指令进行行动的能力，促使该辅具可以迅速感知，并且实时做出调整以适应完成任务的要求。

（二）智能辅具的产品群

智能辅具的产品群：目前智能辅具不仅包括了智能假肢、智能轮椅、智能移动辅具、智能家居与环境控制辅具、智能生活辅具、智能信息交流辅具，还包括了智能护理机器人、智能康复训练器械，其中智能生活辅具面宽量大，是需求最大、最迫切的产品。

康复辅具的科技水平从20世纪60年代以后日趋现代化、智能化。总的来说，社会的需求与科技的进步带来了智能辅具的发展。

（三）智能辅具的任务

一个国家康复医学水平的高低与智能辅具技术的发展水平有着密切关系。智能辅具的任务是用工程技术的方法研究‘失能’和‘健全’状态之间的‘边界’（Brmindry），整合多种工程技术手段，建立“残障人—机器设备—社会、空间环境系统”的接口装置，帮助残障人逾越回归社会的障碍。这一领域研究的成果是形成产品，用实物的形式，辅助残障人融入社会。智能辅具，一方面与设计密切相关，另一方面也与企业的研发投入有关。从整体情况来看，我国的智能化辅具无论是数量还是质量都在进步，然而与国外的顶尖产品相比，差距也很明显。

（四）智能辅具服务的主要手段

智能辅具作为服务机器人的一个重要分支，它的研究贯穿了康复医学、生物力学、机械学、机械力学、电子学、材料学、计算机科学以及机器人学等诸多领域，已经成为国际机器人领域的一个研究热点。康复的含义是在受创伤或得病后恢复患者肢体或器官的正常的形状或功能。康复工程就是致力于为患者提供此类辅助装置。把先进的机器人技术引入到康复工程中的康复机器人，体现了康复医学和机器人技术的完美结合。目前，智能辅具已经广泛地应用到康复护理、训练和康复治疗等方面，这不仅促进了康复医学的发展，也带动了相关领域的新技术和新理论的发展。

智能辅具服务的主要手段是提供能帮助残障人独立生活、学习、工作、回归社会、参与社会的产品，即智能辅具产品。智能辅具从残障人实际康复中提出问题，界定问题，提出设计，进行试制，临床试用，使用效果信息反馈，产品鉴定到批量投产，产品咨询，产品使用指导等，是个系统性工作。康复辅具行业是社会福利和社会保障事业的重要组成部分，但又是滞后于社会发展的一项亟待科技提供支撑的行业，尤其是急需解决产品种类少、科研产品产业化困难的问题，为广大残障者提供直接的服务。

目前，我国智能辅具产品，大多还是停留在仿制国外同类产品的阶段，有自主知识产权的创新设计的产品，还比较少。产品的设计，特别是有自主知识产权的创新产品的设计与制造，无疑是智能辅具今后发展的目标，要为此做出最大的努力。由于我国目前生产的智能辅具产品的种类和品种与残障人需要的智能辅具产品相差甚远，因此，今后相当一个时期，要以研制、开发、生产智能辅具新产品作为行业发展的首要任务。

（五）未来智能辅具的特色

智能辅具将有什么特色呢？这不仅是智能辅具工作者思考的问题，也是整个社会应关注的问题。在智能辅具的科技水平上，今后也必然有新的提升。人工智能、纳米技术、生物材料等方面的发展，会给智能辅具方法与设备注入新的活力。可以预料，社会人口的老龄化和人们对生活质量要求的提高是智能辅具发展的又一个机遇。从需求方面来说，满足残障人生活自理和回归社会的生活用品、职业用品和娱乐用品将有很大发展。而满足老龄人口需求的设施将成为社会关注的新的热点。老年患者病后的康复、老龄人口生活的自立、老年人精神生活的满足等，向智能辅具提出了一系列新的要求。由于医学的进步，老年病如脑卒中等患者死亡率极大降低。但病后的康复却成为起来越突出的问题。老年人活动能力的降低，也会增加护理的负担。在我国独生子女家庭成为主体后，这种负担将不堪承受。因此，方便老年人行走、如厕、洗浴等家庭设施和家居环境改造将成为居室“装修”的重要内容。此外，老年人的孤寂也会对满足老年人娱乐、交流等需求提出新的设施要求。

随着生物学和仿生学的发展，假肢和假器官会从外形，功能甚至组织结构上更加接近于真的肢体和器官。目前，人工晶体，人工肌肉，人造组织和人造骨骼等研究已相当深入，人体肌电信号和神经信号的提取已在实验室初步得到实现。人类将来会“克隆”出人的肢体和器官，这也许是机器人在康复领域应用的最高境界。

第二节　脑机接口

脑机接口是人脑与计算机或其他电子设备之间建立的直接的交流和控制通道。通过这种通道，人就可以直接通过脑来表达想法或操纵其他设备，而不需要通过语言或肢体的动作，是一种全新的通信和控制方式。

一、概述

脑机接口系统是神经科学和信息处理技术学科交叉的一项创新成果。人在思维时，大脑皮层会出现特定的电活动，在头皮记录到的这种电活动通常叫作脑电波。通过实时记录脑电波，在一定程度上解读人的简单思维，并将其翻译成控制命令，来实现对计算机、家用电器、机器人等设备的控制。基于脑机接口原理设计的装置有望帮助神经肌肉系统瘫痪的病人实现与外界的交流，例如环境控制、轮椅控制、操作计算机等。

（一）脑电波

神经康复技术的发展中，脑电波的研究是重要的一环。

脑电波（electroenc ephalo graph，EEG）是通过电极在头皮或颅内记录下来的脑细胞群的节律性电活动，脑电波是 Berger 在 1929 年发现的。目前已被广泛应用于中枢神经系统的研究方面，是医学及脑科学研究的一种重要手段。人体的很多生理、病理、心理等现象都可以在 EEG 信号图像上反映出来。20 世纪 70 年代，有一些科学家已经开发出一种利用头部的电活动记录控制的简单交互系统。区别使用肌电图（Electro myo graphy，EMG）和 EEG 进行系统控制的重要性。

自发现以来，脑电的主要应用有：脑功能研究；疾病诊断；生物反馈治疗；推断人的想法或目的，从而构造脑机接口。脑机接口是脑电的第四种应用。

（二）脑机接口

近年来，一种基于人脑信号的控制系统正在兴起，这种控制系统直接以人脑信号为基础，通过脑机接口技术来实现控制。

1. 脑机接口的定义

脑计算机接口（Brain Computer Interface，BCI），简称脑机接口，是指一种不依赖于脑的正常输出通路（即外周神经和肌肉）的脑机（计算机或其他装置）通信系统。脑机接口的出现，促使得用人脑信号直接控制外部设备的想法成为可能。脑机接口是在人脑和计算机或其他电子设备之间建立直接的交流和控制通道，是近年来生物医学工程发展较快的领域之一，其最主要的一个应用领域是在康复领域。

2. 脑机接口技术

脑机接口技术是通过计算机监测、识别大脑思维意念信号模式，产生可控制和操纵周边通讯或工作设备的指令，以达到预想操作目的或实现与外界信息交流功能的技术。脑机接口技术在理论上已经论证可以实现，国内外一些研究机构也在实验室中研制出一些相应的试验设备，如用脑电控制电脑光标的移动。

脑机接口是通过戴在人头顶的测量电极获取人脑活动信号、经过预处理、特征提取等过程，再进行分类，转化为控制信号，提交给外部设备或者反馈给本人。

3. 脑机接口技术的兴起

目前，许多国家的实验室开始探索和开发脑机接口技术，这项技术是为帮助那些因神经肌肉损伤而行动受到阻碍的人（如肌肉萎缩、中枢神经系统损伤、重度中风的病人等），使他们不需要依靠周围的神经和肌肉，只利用脑部的信号，来达到与外界沟通，传递信息，自主活动，以及自我照顾等目的。脑机接口技术的发展，不但能够节省社会负担，减轻病人及其家庭的痛苦，还能让病人独立行动，建立患者与外界的沟通桥梁，提升病人的生活品质，有着很大的经济效益和社会效益。最近由美国科学家研制的“思考帽子”（Thinking Cap）已经可以直接用人的思想控制计算机。

由于神经系统的损伤，导致中枢神经到周围神经的传导通路中断，患者出现运动功能障碍乃至瘫痪的情况，而脑机接口技术，可以从大脑皮层直接提取信号，实现了大脑与外界的直接交互通路，这种通路可不依赖大脑正常的输出通路，直接作用于周围神经或肌肉实现运动功能的重建，为有运动功能障碍的残障人提供了一种全新的手段来实现对外界环境的控制和康复手段。脑机接口应用于严重神经系统损伤的康复途径有两个，比较常用的是第一种方法，用脑机接口系统代替运动功能，通过提取大脑的信号，不通过人体的肌肉系统直接与外界环境相互作用，例如，患者可以通过脑电信号的判别来控制计算机或外部的机械装置而实现相应的功能。第二种途径是在国际上最近发展起来的新应用手段，即使用脑机接口作为一种康复训练的方法来恢复运动功能，作为神经康复训练的方法，脑机接口交互技术给大脑在线学习和可塑性改变提供了一个技术平台。随着脑机接口在神经康复工程领域技术水平的提高和康复医学对脑损伤后大脑可塑性变化研究的深入，这种康复方法越来越引起康复医学和康复医学工程领域研究者的高度重视，显示出诱人的前景。例如，通过检测大脑脑电信号来探察患者对运动任务进行运动想象时大脑集中注意力程度，可以直接影响康复训练时运动学习的过程，通过对大脑使用性依赖可塑性的改变来恢复大脑的功能。

基于运动想象的脑机接口技术可以提供一个有反馈的想象任务，促使患者能够更集中注意力并充分调动皮层资源，同时可以实时的监测验证患者想象是否成功，在前期研究中，患者运动想象的成功率可以达到 100%。这为中枢神经损伤患者皮层功能重组提供了更好的诱导机制，进而改善肢体的运动功能。运动想象疗法的另一个不足之处是在运动想象过程中，没有对外周肌肉的实际刺激和作用，从理论上来说，这在一定程度上影响了该方法的治疗效果。因此，在应用脑机接口技术可以大大提高运动想象成功率的基础上，寻找出基于运动想象的并能够直接作用于外周的康复训练方法是非常需要的。直接作用于外周的康复训练方法很多，功能性电刺激（FES）是对运动功能障碍最常见的康复治疗手段之一，是一种外在刺激。通过对周围神经或肌肉的程序性刺激而实现肢体运动功能，同时可以作为一种康复训练的方法和手段，用于中枢神经损伤后的肢体运动功能障碍的康复，提高上肢和下肢的运动功能。功能性电刺激提高运动功能的原理为一种感觉运动复合机制，通过电刺激诱发的运动增加本体感觉信号的输入，兴奋躯体感觉皮层，进而增加皮层运动神经元的兴奋性，而运动神经元兴奋加强了神经网络的主动活动，可以致使运动功能的提高。BCI-FES 技术在理论上要比单纯的运动想象或单独的功能性电刺激应具有更好的临床治疗效果。同样的原理，脑机接口结合机器人康复训练技术，也是一种大脑主动想象来诱发外部机器人进行康复训练的新方法，同样有巨大的应用潜力。

（三）脑机接口系统的组成

脑机接口系统一般都具备信号采集、信号分析和控制器三个功能模块。

1. 信号采集

受试者头部戴一个电极帽，采集 EEG（脑电图）信号，并传送给放大器，信号一般需要放大 10000 倍左右，经过预处理，包括信号的滤波和 A/D 转换，最后转化为数字信号存储于计算机中。

2. 信号分析

利用独立向量分析（ICA）、傅立叶变换（FFT）、小波分析等方法，从经过预处理的 EEG 信号中提取与受试者意图相关的特定特征量（如频率变化、幅度变化等）。特征量提取后交给分类器进行分类，分类器的输出即作为控制器的输入。

3. 控制器

将已分类的信号转换为实际的动作，控制外部电子设备，如，显示器上光标的移动、机械手的运动、轮椅的前进与后退、字母的输入等。有些脑机接口系统还设置了反馈环节，不仅能让受试者清楚自己的思维产生的控制结果，同时还能够帮助受试者根据这个结果来自主调整脑电信号，以达到预期目标。

脑机接口提供了全新的与外界进行交流和控制的方式。人们可以不通过语言和动作来交流，而是直接用脑电信号来表达思想、控制设备，这为智能机器人的发展提供了一个更为灵活的信息交流方式。随着计算机科学、神经生物学、数学、智能控制等各个相关学科的不断发展与融合，随着世界各研究小组交流和合作的日益紧密，脑机接口技术将日趋成熟。形式多样、稳定、可靠、高速、操作简便的脑机接口机器人一定能在不久的将来进入人们的生活。

（四）脑机接口技术实例

清华研制成功开发脑机接口系统，可用思维踢足球。只要戴上特殊的电极帽，盯着按不同频率闪烁的放大的数字键盘，在心中读出键盘上的数字，就能将脑电波传入电脑，通过电脑完成电话拨号。经过训练，就可以通过大脑控制外物，由于系统只是记录信息，不刺激大脑，因此不会损伤大脑意识。清华大学医学院神经工程研究所的专家们成功地研制出了“脑机接口”系统。

清华大学医学院神经工程研究所的这个研究小组在处理和解读神经信号方面已经进行了近 20 年的研究。研究所负责人高上凯教授告诉记者，1999 年他们在国际上较早研制成功了解读视觉脑区信号的“脑 - 机接口”系统，并创造了每分钟 60 比特的最高通讯速度，即每分钟可以用脑电波向计算机中输入 18 个数字，可以在一分钟内用脑电波轻松拨出一个手机号码。而国际上同类系统的速度一般在 25 比特左右。经过改造，这样的系统也可以用来浏览网页，操控家电等，帮助人类实现“心想事成”。

二、脑机接口技术的应用

从 20 世纪 40 年代以来关于脑模型或人工大脑的研究，人们已在仿生学、人工智能、人工神经网络、模式识别、超级计算机等领域进行了大量的探索，取得了一系列研究成果。许多著名的国际公司和著名的科研院所都把对人工脑的研究列为专门的研究课题，并取得了丰硕的成果。

（一）脑机接口机器人

脑机接口研究最初的想法是为残障人提供一个与外界进行交流的通信方式，让他们通过这样的系统用自己的思维操控轮椅、假肢等。然而随着脑机接口技术的日益成熟，社会对智能机器人的需求逐渐增加，脑机接口机器人的概念应运而生。脑机接口机器人进行人机交互，由人的思维控制机器人从事各种工作。脑机接口机器人不仅在残障人康复、老年人护理方面具有显著的优势，而且在军事、人工智能、娱乐等方面也具有广阔的应用前景。

在神经机器接口研究中，清华大学在脑机接口技术的研究中取得了许多令人瞩目的成果。复旦大学附属医院将 6 个神经束内电极通过手术连接到 1 例上肢截肢志愿者 6 条不同的残留手臂神经上，利用电极采集的运动神经信息控制假肢模拟装置的 7 个不同的动作，该实验实现了一个动作的神经控制。

神经接口技术的临床转化：一是技术：功能性电刺激（FES），Functional Electrical Stimulation。二是装置：神经假体，Neural Prosthesis。

电信号刺激增强记忆力。美国的神经学专家们在 2005 年于圣地亚哥举行的神经学会年度学术会议上，提交了一项研究成果。他们在人的前额装上小电池，将很微弱的电流作用于人的前额部位脑神经，20min 以后，试验对象的语言能力就会提高 20%。

（二）脑机接口技术在康复领域的应用

脑机接口技术可以帮助肢体残障者提高他们的生活质量，如：

（1）与周围环境进行交流：脑机接口机器人可以帮助残障人使用电脑、拨打电话等；

（2）控制周围环境：脑机接口机器人可以帮助残障人或老年人控制轮椅、家庭电器开关等；

（3）运动康复：脑机接口机器人可以帮助残障人或失去运动能力的老年人进行主动康复训练，脑机接口护理机器人可以从事基本护理工作，提升残障人或老年人的生活质量。

（4）基于脑机接口技术的智能轮椅的实现为残障人士提供了全新的活动工具；对基于脑机接口技术的智能轮椅的研究能够刺激对脑机接口技术其他方面应用的研究。

（二）康复机器人训练技术

康复机器人训练技术是近年发展起来的新的康复训练技术，在美国被誉为“康复医学新的革命”。我国在国家“863”计划、支撑计划等支持下，也开始了这项技术的研发并取得一定进展。脑机接口技术的主要应用在康复医学，目前，我国在非侵入性脑机接口技术方面处于国际先进行列。国内在脑机接口和康复机器人研发方面形成了清华大学与解放军总医院的合作团队。目前关于基于脑机接口的康复训练机器人在发达国家处于概念形成阶段或刚刚起步阶段，我国的起步水平并不比他们低，基本处于同一起跑线上。这一技术不是两种技术简单的结合，而是有坚实的神经康复理论基础，会极大地提高康复机器人的训练效果，在康复训练理论上也会有重要意义。

（三）脑机接口控制的智能康复辅具

脑机接口技术是通过计算机监测、识别大脑思维意念信号模式，产生可控制和操纵周边通讯或工作设备的指令，以达到预想操作目的或实现与外界信息交流功能。其突出特点是不依赖于任何外周神经和肌肉响应，而是依据大脑思维意念或感官反映所产生的脑电

（EEG）信号控制外围设备进行工作。脑机接口控制的智能康复辅具的显见用途是为思维正常但运动功能残缺的人提供一种新型的弥补功能和对外信息交流手段。从学术意义和应用价值来看，该技术的重要之处还不仅仅在于其将显著促进康复医学发展，而更为重要的是将为大脑开拓某种新的信息输出渠道，极大扩展人们对外界控制和交流信息的能力，其信息传递和控制模式的研究开发将极大地丰富脑认知科学和神经信息学内容。

三、脑机接口研究的趋势

脑机接口是一个新领域，对其应用有待进一步研究；脑机接口技术从根本上改变了人们控制外部设备的方式；数据采集通道进行了优化选择。随着脑机接口研究的深入和特征诱发与识别理论的发展，脑机接口系统的构建方式正逐渐发展出独特的道路，表现出更多与传统神经电生理学、神经心理学、认知科学研究的区别。综合考虑诱发范式、脑电特征分布与识别技术，建立同时具有快速诱发和高特异性特征的任务刺激方案，突破目前传输速度慢、识别效率不稳定的局限，才可使脑机接口系统真正的走向临床应用，进而发展出更广泛的使用渠道。

（一）脑机接口辅具用于实际面临着很多挑战

采用以下标准对脑机接口系统进行衡量：

（1）速度；

（2）准确率；

（3）应用或娱乐的便捷度；

（4）功能的适应性；

（5）对环境的适应性；

（6）用户的最小训练时间；

（7）计算机的最小训练时间；

（8）移动的便捷性；

（9）舒适度；

（10）成本和可达性；

（11）外观的美观程度。

将脑机接口技术用于实际面临着很多挑战，主要可归纳为以下 4 类：

（1）信息传输率（带宽）：即使是有经验的测试者操作最快的脑机接口系统，目前的最大传输率也才 50bits/min，相当于每分钟 6 个字符，这对正常的对话与交流仍然太慢。

（2）高误差率：这是影响信息传输率的重要因素。

（3）自动化程度：理论上，对运动功能严重失常的病人，脑机接口系统应该由他完全控制。然而事实上现有的脑机接口系统都需要照顾者的参与，如，系统的安装、启动、初始化、关闭等，即使可以由病人自己关闭，但重新启动存在困难。

（4）环境适应性：大多数脑机接口系统还只是在安静的实验室环境中进行测试，实际应用可能面临更复杂的环境，包括任务本身的认识程度、情绪反应、注意力、安全因素等。

如果要使脑机接口系统真正实用，除了解决以上问题外，还必须在以下各方面开展更深入的研究：

（1）脑机接口系统的临床测试研究。

（2）脑机接口的训练。为了提高脑机接口的实用性，务必考虑用户的接受程度与训练方法，减少电极的数量，缩短训练时间。

（3）信号处理及分类算法。提高脑机接口的信息传输率，减少分类误差，在很大程度上取决于信号处理与分类算法。

（4）脑机接口系统的基本要求。脑机接口系统应该轻便、兼容性好，以便在医院或家庭能方便地使用；系统的使用与操作应尽量简单，电极易放置；脑机接口设备的价格应适中。

国内对脑机接口的研究还处于起步探索阶段。适合中国国情的脑机接口系统尚有许多工作要开展。以拼写汉字进行交流为例，由于汉字拼写比英语更复杂，因此，要帮助病人实现正常的交流，难度将更大。

（二）脑机接口技术的应用前景展望

1. 猴子脑控机械臂

美国科学家将极细微的电极植入两只雌性恒河猴大脑的额叶和顶叶部位，每个电极不到人的一根头发丝粗细。它们发出的微弱电信号通过导线进入一套独特的计算机系统。科研人员在给恒河猴脑部植入电极探针后，通过电脑向机器臂传送信息，成功完成大脑发出的抓取食物的指令。该系统能识别与动物手臂特定运动相关的大脑信号模式，信号经脑电信号处理后用来对机械手运动进行控制。这项重大突破使意念与机械结合的研究跨出了一大步。

2. 脑控驾驶飞机

美国佛罗里达大学的科学家们利用 2.5 万个老鼠脑神经细胞创造了一个活“大脑”，它可以驾驶模拟高速飞机。随着时间的推移，正确的反复刺激修正了神经网络的反应，慢慢地（15min 后）神经元学会了控制飞机。最后的结果是神经网络系统可以控制飞机在相对稳定的路线和高度成功飞行。

3. 神经计算机

人脑有 140 亿个神经元及 10 亿多个神经键，每个神经元都与许多个神经元交叉相连，它们协力工作。科学家认为，每个神经元都相当于一台微型计算机。人脑总体运行速度相当于每秒 1000 万亿次的计算机功能。如果，用许多微处理机模仿人的神经元结构，采用大量的并行分布式网络就构成了神经计算机。神经计算机将来会有更广泛的应用，如完成识别文字、符号、图形、语言以及声呐和雷达接收的信号；进行医学诊断；进行运动控制，如控制智能机器人等。神经机器人的发展前途是不可估量的，其研究也在不断地创新、前进。

4. 心智图像

科学家破解与视觉有关的大脑信号，标志着能够展示心智图像（mental images）的“读心机”向变成现实又迈进了一步。英国格拉斯哥大学的研究人员向 6 名志愿者展示一些人的面部照片，这些照片的表情各不相同，例如，高兴、恐惧和吃惊。在一系列试验中，这些图片的部分被随机遮盖住，例如只能看到眼睛或嘴巴。然后让参与者判断照片上的人物表情，与此同时，研究人员在志愿者的头皮上安装了电极，用来检测他们的脑电波。科学家发现，根据看到的部位，试验参与者的脑电波发生很大变化。频率是 12 赫兹的“β”波携带的是与眼睛有关的信息，而频率是 4 赫兹的“θ（theta）”波携带的是与嘴巴有关的信息。负责这项研究的菲利普·斯基恩斯教授说：“这就如同解锁一个扰频电视频道。最初我们只能发现信号，然而却看不到内容。现在我们已经能看到内容了。大脑如何解码视觉信息，让我们识别面部特征和感觉的，这个问题一直是个谜。”斯基恩斯说：“虽然在执行特殊任务时，我们能发现特定大脑部位的电波活动，但是我们并不清楚这些脑电波携带的是什么信息。”现在我们正在寻找破解脑电波的方法，以便识别它们携带的信息。他表示，该研究显示了大脑是如何调整不同的脑电波模式、解码不同视觉特征的。这有点像无线电波解码不同频段的电台。这一工作对人机接口的研发具有巨大意义。

5. “头脑驾驶”（Brain Driver）汽车技术

德国一个脑科学家小组研发出一种完全依靠大脑驾驶的汽车，司机佩戴上特制的耳机，通过“想”向左、向右或者加速，汽车就能够做出相应反应。科学家将这辆原型车投入试验，以研究将来它能否被用于日常驾驶。这种“头脑驾驶”（Brain Driver）技术通过装备摄影机，雷达和激光传感器，为汽车提供三维的环境照片。驾驶员带上特制的头盔，这种头盔带有 16 个传感器，能够感知大脑的电磁信号。这些信号通过一台专门电脑进行解读，能够分清向左和向右的不同模式。在一次试验中，驾驶员成功操纵汽车向右转，尽管在给出指令和汽车启动之间略有延迟。在另两次试验中，汽车被训练识别 4 种模式，使得驾驶员能够加速或者减速。执行这一项目的 AutoNOMOS 小组是柏林自由大学的人工智能组的一部分。研究者称，他们的试验汽车只是一种“概念证明”，距离使用大脑控制机器“还有很长一段路要走”。

6. 心灵控制

由美国国防部赞助的人机智能融合研究项目已经开始了多年，这也是美国国防部的一个长期目标。利用计算机作为一种中间感应媒介，未来部队之间的远距离交流根本不需要说话。美国国防部高级研究计划署启动了一项“无声通话”计划。该计划将首先利用脑电图扫描器读取大脑信号，然后再对这些信号进行解码，进而建立起一个脑电波字典。做到这一点后，美国国防部高级研究计划署希望这一原型设备能够真正读取、翻译脑电波，然后将翻译后的“话语”传送到对话者的大脑中，实现心灵感应般的“无声通话”。这种传心术也可以应用于心灵控制。

7. 回音光

回音光传感器的研制基于球壳状聚合物，它的形状不同于典型的电子类传感器。该球壳同时伴随有光学纤维，用于发送一束可以在该球壳内运动的光。光在该球壳内运动的方式被称之为“回音壁模式”，它得名于伦敦圣保罗大教堂的回音壁，声音在大教堂内传播的距离之所以要远于平常，是由于声音可以通过凹形的墙壁不断反射而继续传播。这个构思的理论基础是，与电场相关的神经冲动可以影响该球体的形状，进而改变球体内的共振光，这样的话，神经便可以有效地成为假肢电路的一部分。理论上，通过共振光在光学纤维内传播的改变，假肢便可以知道大脑想要动一下手指或进行其他运动，诸如此类。神经信号同样还可以通过红外光的照射被直接传播进神经系统，该方式被称之为模拟神经系统，通过光学纤维顶端的反射器得以实现。为了使用该传感器的工程样品，神经连接需要被具体地绘制出来。比如说，通过要求患者试着举起他失去的手臂，医生便可以将相关的神经连接到假肢上。

第三节　物联网

一、物联网的基本概念

（一）物联网的定义

1. 物联网是新一代信息技术的重要组成部分

物联网的英文名称叫“The Internet of things（IOT）”，也称为Web of Things，顾名思义，物联网就是“物物相连的互联网”，即通过各种信息传感设备，如传感器、射频识别（RFID）技术、全球定位系统、红外感应器、激光扫描器、气体感应器等各种装置与技术，实时采集任何需要监控、连接、互动的物体或过程，采集其声、光、热、电、力学、化学、生物、位置等各种需要的信息，根据约定的协议，把任何物体与互联网结合形成的一个巨大网络，以实现对物体的智能化识别、定位、跟踪、监控和管理。这有三层意思：第一，物联网的核心和基础仍然是互联网，是在互联网基础上的延伸和扩展的网络；第二，其用户端延伸和扩展到了任何物体与物体之间，进行信息交换和通信；第三，其目的是实现物与物、物与人，所有的物品与网络的连接，方便识别、管理和控制。

2. 我国对物流网的定义

物联网（Internet of Things）指的是将无处不在（Ubiquitous）的末端设备（Devices）和设施（Facilities），包括具备“内在智能”的传感器、移动终端、工业系统、楼控系统、家庭智能设施、视频监控系统等和“外在使能”（Enabled）的，如，贴上 RFID 的各种资产（Assets）、携带无线终端的个人与车辆等等“智能化物件或动物”或“智能尘埃”（Mote），通过各种无线和 / 或有线的长距离和 / 或短距离通信网络实现互联互通（M2M）、应用大集成（Grand Integration）以及基于云计算的 SaaS 营运等模式，在内网（Intranet）、专网（Extranet）、和 / 或互联网（Internet）环境下，采用适当的信息安全保障机制，提供安全可控乃至个性化的实时在线监测、定位追溯、报警联动、调度指挥、预案管理、远程控制、安全防范、远程维保、在线升级、统计报表、决策支持、领导桌面（集中展示的 Cockpit Dashboard）等管理和服务功能，实现对“万物”的“高效、节能、安全、环保”的“管、控、营”一体化。

在 2010 年我国政府工作报告中所附的注释中对物联网的解释：“是指通过信息传感设备，按照约定的协议，把任何物品与互联网连起来，进行信息交换和通讯，以实现智能化识别、定位、跟踪、监控和管理的一种网络。它是在互联网基础上延伸和扩展的网络。”

（二）物联网的特征

和传统的互联网相比，物联网有其鲜明的特征：

1. 物联网是各种感知技术的广泛应用

物联网上部署了海量的多种类型传感器，每个传感器都是一个信息源，不同类别的传感器所捕获的信息内容和信息格式不同。传感器获得的数据具有实时性，按一定的频率周期性地采集环境信息，不断更新数据。

2. 物联网是一种建立在互联网上的泛在网络

物联网技术的重要基础和核心仍旧是互联网，通过各种有线和无线网络与互联网融合，将物体的信息实时准确地传递出去。在物联网上的传感器定时采集的信息需要通过网络传输，因为其数量极其庞大，形成了海量信息，在传输过程中，为了保障数据的正确性和及时性，必须适应各种异构网络和协议。

3 物联网能够对物体实施智能控制

物联网不仅仅提供了传感器的连接，同时其本身也具有智能处理的能力，能够对物体实施智能控制。

物联网将传感器和智能处理相结合，利用云计算、模式识别等各种智能技术，扩充其应用领域。从传感器获得的海量信息中分析、加工和处理出有意义的数据，以适应不同用户的不同需求，发现新的应用领域和应用模式。

（三）“物”的含义

这里的“物”要满足以下条件，才能够被纳入“物联网”的范围：

（1）有相应信息的接收器；

（2）有数据传输通路；

（3）有一定的存储功能；

（4）有 CPU；

（5）有操作系统；

（6）有专门的应用程序；

（7）有数据发送器；

（8）遵循物联网的通信协议；

（9）在世界网络中有可被识别的唯一编号。

二、物联网的技术架构和应用模式

（一）物联网的技术架构

从技术架构上来看，物联网主要有四个层面：感知层、网络层、计算层和应用层，和这四个层面有关系的所有的技术就是物联网技术，所有的产业就是物联网产业。

感知层由各种传感器以及传感器网关构成，包括：二氧化碳浓度传感器、温度传感器、湿度传感器、二维码标签、RFID 标签和读写器、摄像头、GPS 等感知终端。感知层的作用相当于人的眼耳鼻喉和皮肤等神经末梢，它是物联网获得识别物体，采集信息的来源，其主要功能是识别物体，采集信息。

网络层由各种私有网络、互联网、有线和无线通信网、网络管理系统和云计算平台等组成，相当于人的神经中枢和大脑，负责传递和处理感知层获取的信息。

技术层就是计算，要进行大量的计算，即云计算。

应用层是物联网和用户（包括人、组织和其他系统）的接口，物联网必须要跟某一个应用领域紧密地结合起来，它与行业需求结合，实现物联网的智能应用，离开了具体的应用就说不上物联网。物联网的行业特性主要体现在其应用领域内，目前，绿色农业、工业监控、公共安全、城市管理、远程医疗、智能家居、智能交通和环境监测等各个行业均有物联网应用的尝试，某些行业已经积累一些成功的案例。

物联网把新一代 IT 技术充分运用在各行各业之中，具体地说，就是把感应器嵌入和装备到电网、铁路、桥梁、隧道、公路、建筑、供水系统、大坝、油气管道等各种物体中，然后将“物联网”与现有的互联网整合起来，实现人类社会与物理系统的整合，在这个整合的网络当中，存在能力超级强大的中心计算机群，能够对整合网络内的人员、机器、设备和基础设施实施实时的管理和控制，在此基础上，人类可以以更加精细和动态的方式管理生产和生活，达到“智慧”状态，提升资源利用率和生产力水平，改善人与自然间的关系。

（二）物联网的基本应用模式

根据其实质用途可以归结为三种基本应用模式：

1. 对象的智能标签

通过二维码，RFID 等技术标识特定的对象，用于区分对象个体，例如，在生活中我们使用的各种智能卡，条码标签的基本用途就是用来获得对象的识别信息；此外通过智能标签还可以用于获得对象物品所包含的扩展信息，例如智能卡上的金额余额，二维码中所包含的网址和名称等。

2. 环境监控和对象跟踪

利用多种类型的传感器和分布广泛的传感器网络，可以实现对某个对象的实时状态的获取和特定对象行为的监控，如使用分布在市区的各个噪音探头监测噪声污染，通过二氧化碳传感器监控大气中二氧化碳的浓度，通过 GPS 标签跟踪车辆位置，通过交通路口的摄像头捕捉实时交通流程等。

3. 对象的智能控制

物联网基于云计算平台和智能网络，可以根据传感器网络用获取的数据进行决策，改变对象的行为进行控制和反馈。例如根据光线的强弱调整路灯的亮度，根据车辆的流量自动调整红绿灯间隔等。

（三）物联网与互联网

物联网是继互联网信息技术之后的又一个里程碑。

1. 互联网和物联网之间的区别

物联网并不是最近提出来，内容早就有了。互联网和物联网研究的范围不同，物联网就是把人和物、物和物之间进行联系和控制，目的就是提高生产率，使人们生产得更加效率、更加舒适、更加和谐。除了人以外所有的东西都是人们所创造出来的。让这些物体说话，互联网以前没有管这些东西，把人们感兴趣的这些物质把它的特性感知出来，然后进行测量进行计算，包括云计算，智能化。物联网涉及五六个一级学科，通讯学科、计算机学科、网络信息光线光学以及自动控制技术，所有的学科综合起来。物联网实际上就是把人们所感兴趣的，为人类进行服务的物体，比如，说一个大桥，把光线传感器埋在大桥上就知道它哪一天要塌，应该把光线传感器埋在这个大楼里，当楼有问题的时候，会发出信号，就相当于地震，如果有一种振动传感器，一踩脚就知道离震源有多远。利用各种原理的传感器，来传感物质的属性，为人类提供各式各样的服务。

2. 使用成本

物联网产业需要将物与物连接起来并且进行更好的控制管理。这一特点决定了其发展必将会随着经济发展和社会需求而催生出更多的应用。因此，在物联网传感技术推广的初期，功能单一，价位高是很难避免的问题。由于电子标签贵、读写设备贵，所以很难形成大规模的应用。而由于没有大规模的应用，电子标签和读写器的成本问题便始终没有达到人们的预期。成本高就没有大规模的应用，而没有大规模的应用，成本高的问题就更难以解决。如何突破初期的用户在成本方面的壁垒成为打开这一片市场的首要问题。所以在成本尚未降至能普及的前提下，物联网的发展将受到限制。

物联网一方面可以提高经济效益，极大节约成本；另一方面可以为全球经济的复苏提供技术动力。目前，美国、欧盟等都在投入巨资深入研究探索物联网。我国也正在高度关注、重视物联网的研究，工业和信息化部会同有关部门，在新一代信息技术方面正在开展研究，以形成支持新一代信息技术发展的政策措施。

3. 建立有效物联网的重要因素

要真正建立一个有效的物联网，有两个重要因素。一是规模性，只有具备了规模，才能使物品的智能发挥作用。例如，一个城市有 100 万辆汽车，如果我们只在 1 万辆汽车上装上智能系统，就不可能形成一个智能交通系统；二是流动性，物品通常都不是静止的，而是处于运动的状态，必须保持物品在运动状态，甚至高速运动状态下都能随时实现对话。美国权威咨询机构 FORRESTER 曾预测，到 2020 年，世界上物物互联的业务，跟人与人通信的业务相比，将达到 30 比 1，因此，“物联网”被称为是下一个万亿级的通信业务。国际电信联盟于 2005 年的报告曾描绘“物联网”时代的图景：当司机出现操作失误时汽车会自动报警；公文包会提醒主人忘带了什么东西；衣服会“告诉”洗衣机对颜色和水温的要求等等。物联网在物流领域内的应用则比如：一家物流公司应用了物联网系统的货车，当装载超重时，汽车会自动告诉你超载了，并且超载多少，但空间还有剩余，告诉你轻重货怎样搭配；当搬运人员卸货时，一只货物包装可能会大叫“你扔疼我了”，或者说“亲爱的，请你不要太野蛮，可以吗？”；当司机在和别人扯闲话，货车会装作老板的声音怒吼“笨蛋，该发车了！”

三、物联网的关键领域

物联网有 4 大关键领域，即 RFID、传感网、M2M、两化融合。

（一）射频识别技术

作为物联网发展的排头兵，射频识别技术（Radio Frequency Identification，简称 RFID）成为市场最为关注的技术。RFID 是 20 世纪 90 年代开始兴起的一种自动识别技术，是目前比较先进的一种非接触识别技术。以简单 RFID 系统为基础，结合已有的网络技术、数据库技术、中间件技术等，构筑一个由大量联网的阅读器和无数移动的标签组成的，比Internet更为庞大的物联网成为RFID技术发展的趋势。

RFID是能够让物品“开口说话”的一种技术。在“物联网”的构想中，RFID标签中存储着规范而具有互用性的信息，通过无线数据通信网络将其自动采集到中央信息系统，实现物品（商品）的识别，进而通过开放性的计算机网络实现信息交换和共享，实现对物品的“透明”管理。

（二）传感网

物联网上部署了海量的多种类型传感器，每个传感器都是一个信息源，不同类别的传感器所捕获的信息内容和信息格式不同。

（三）M2M

M2M是指通过各种无线和/或有线的长距离和/或短距离通信网络实现互联互通。

MEMS是微机电系统的缩写，MEMS技术是建立在微米/纳米基础之上的，市场前景广阔。MEMS传感器的主要优势在于体积小、大规模量产后成本下降快，目前，主要应用在汽车和消费电子两大领域。

（四）两化融合

两化融合也是物联网4大技术的组成部分和应用领域之一。两化融合最基础的传统技术是基于短距离有线通讯的现场总线的各种控制系统。物联网理念把IT技术融合到控制系统中，实现“高效、安全、节能、环保”的“管、控、营”一体化。

四、健康物联网

（一）健康物联网重点在于建设网络化服务模式

卫生部早在2008年便开始着手建立物联网技术在卫生行业的应用和规划，2009年召开了收入卫生领域的RFID应用大会，2011年六月份还会召开全国卫生领域的物联网应用会议，未来将有更多的物联网技术运用到医卫系统中去。从最开始的把脉听诊到现在的各种微波技术应用，医学领域的科技含量越来越高，世界卫生组织多次指出21世纪医学变革的目的是要从以疾病为中心转向以健康为中心。未来将借助于互联网信息传输形式，以及与之相同匹配的健康状态辨识与调控技术，进而对人的健康包括疾病，进行网络式管理的新型物联网健康管理模式将成为医疗发展的主流方向。

（二）健康物联网框架是一个以家庭为单位的社区医疗网模式

在每个家庭都装一些简单的物联网医疗设备，让几百个家庭与一个服务总站进行信息传输，这样达到一个科学合理的利用和分配资源目的。一些小病可能医生通过网络就能解决掉，就没必要再去医院占用资源，把剩余的资源提供给一些重患者。同时，通过这些物联网设备，医护人员也能随时了解每个人的身体各项指标，实时监控每个人的健康状况，这样可以在一些重病发病前就能得到及时的控制和治疗，进而降低重大疾病的发病率。

（三）物联网技术在健康领域的应用模式

从实际问题入手分析为什么要建立健康物联网体系，它需要解决什么问题，这才是当前最需要探讨和研究的问题。任何一项新的技术应用到某个领域，决不能只是随意的堆砌，不是说一听到物联网技术是有利于医疗产业发展的，我们就立马投资几个亿建一个，一夜之间全是物联网技术包装的超现代化医院，然后就大肆吹嘘，看我们实现了“健康物联网”。

（四）辅具物联网

康复辅具领域的科技含量越来越高，辅具物联网是健康物联网的重要组成部分和技术支撑，在我国建立以智能辅具为核心的物联网体系具有重要意义。

第四节　未来我国智能辅具的发展任务和趋势

发展康复辅具产业科技，提升残障者生存生活质量，是一个国家科技进步和国民经济现代化水平的重要标志，同时也是我国建设和谐社会的一个重要组成部分。

一、发展任务

（一）我国民生科技的重要组成，需求巨大

康复辅具是民生科技重要的组成部分。残障者是具有特殊困难的弱势群体，为维护他们平等参与社会生活的权利，防止在未来十年内老龄化和残疾人问题成为严重的社会问题，我国政府给予了充分重视。

康复辅具产品需针对个人情况进行个性化设计，具有品种多、批量小、空白多、需求量巨大的特点。我国辅具配置保障体系仍不健全，当前需要配置辅具的老年人和残疾人数量巨大，而需求能够得到满足的尚不足 10%，康复辅具支付体系的政策研究与政策引导尚处于起步、摸索阶段，残障群体的辅具配置还得不到有力保障；康复辅具目前尚未纳入医疗保险，购买辅具的群体大多是弱势群体，大量的潜在需求不能转化为有效需求，有效需求的不足，又反过来削弱了社会资本进入康复辅具行业的积极性。

（二）我国康复辅具发展成果显著，差距明显

纵观各国康复辅具的发展历史，其研究开发均从假肢、矫形器、轮椅车等基本产品的研究和生产开始，我国也不例外。经过改革开放四十年的发展，我国辅具供应种类越来越

多，主要产品包括假肢、轮椅、拐杖等肢体辅具，助听器、助视器等视听功能辅具，认知训练等智力康复辅具。我国在假肢、矫形器和轮椅车等辅具领域制订和发布了不少相关国家标准和行业标准，已初步形成产业；我国假肢、矫形器等传统辅具的配置实现了完全自给，生产的零部件性价比突出，出口到多个国家，占有较大的市场份额；我国已经成为世界上最大的轮椅车生产国，年产量在400万辆以上。科研院所和大专院校研究的相关课题，包括假肢接受腔CAD/CAM系统、钛合金下肢假肢组件、足底矫形器CAD/CAM系统、肌电假手、2C运动储能脚等均达到同期国际先进水平。我国智能辅具的未来发展趋势应当是推动行业产业化、规模化，推动社会保障体制建设，进而推动企业集团化和推动参与市场竞争。

智能辅具是多学科技术集成创新的前沿高地。智能辅具产业是典型的高新技术产业领域，具有高新技术应用密集、学科交叉广泛、技术集成融合等显著特点，是一个国家前沿技术发展水平和技术集成应用能力的集中体现。当前，国际智能辅具领域的科技创新高度活跃，信息、网络、微电子、生物材料、精密加工等各类先进技术和创新成果与智能辅具领域的渗透和融合日益加快，发达国家通过前沿技术方面政府的前端高额支持和大型跨国企业为主体的后端大强度投入，造就了在原创能力和产业发展方面的强势地位。与国外相比，尽管我国智能辅具科技发展再创佳绩，涌现了一批自主创新的智能辅具科技成果，在脑机接口技术、智能型辅具等前沿领域取得了一些重要进展。然而，由于创新支撑体系比较薄弱，创新链条不完整，研发队伍和基础设施还比较薄弱，高层次创新人才和多学科交叉人才偏少，产学研用结合不紧密，成果转化率偏低，在总体上仍处于技术上的跟踪模仿的发展模式，技术创新的起点较低，与国外有着较大的差距。

尽管我国康复辅具在过去三十多年间取得了很大成绩，但从整体上来说，我国康复辅具产业还很薄弱，规模较小。在辅具基础技术研究上还在追赶一些技术强国的脚步，自主创新能力不足；我国具有自主知识产权的产品还较少，国内高端辅具市场产品大部分还被国外所占据，自主研发产品主要停留在中低档产品，产品技术含量低，性能单一，缺乏创新；高校和一般科研单位不具备中试的能力和条件，科研成果较难实现产业化，康复辅具创新型人才相对比较匮乏；中小企业多重视短期效益而不愿在辅具领域进行风险投资；康复辅具高新技术产业体系尚未形成，生产厂家主要集中在沿海和东部地区，规模较大的企业主要集中在轮椅车、助听器领域。

（三）我国康复辅具产业机遇凸显，挑战艰巨

《国民经济和社会发展第十二个五年（2011—2015年）规划纲要》中明确提出“建立以居家为基础、社区为依托、机构为支撑的养老服务体系。加快发展社会养老服务，培育壮大老龄事业和产业，加强公益性养老服务设施建设，鼓励社会资本兴办具有护理功能的养老服务机构，每千名老人拥有养老床位数达到30张。拓展养老服务领域，实现养老服务从基本生活照料向医疗健康、辅具配置、精神慰藉、法律服务、紧急援助等方面延伸。……

构建辅助器具适配体系，推进无障碍建设。制订和实施国家残疾预防行动计划，有效控制残疾的发生和发展。”康复辅具迎来了前所未有的重要战略发展机遇，也面临着艰巨的挑战。

在视力残障康复方面，我国尚处于起步阶段。自“十一五”以来，我国主要围绕白内障复明、低视力康复、定向行走训练、盲文读物印刷、盲用辅助技术等方面展开工作，并取得了一定成绩。而发达国家的视障康复事业已经发展得较为成熟。比如，欧美等国于20世纪80年代着手研究基于信息化技术的盲用辅助产品，如盲文电子显示器、盲用软件、盲用数字有声书等，并已在视障群体中推广使用，改变了他们的学习、工作、生活模式，提高了视障者参与社会、独立生存的能力。

在听力语言残障康复方面，尽管我国近年来取得了较快发展和显著成绩，然而听力语言学科间缺乏深入的整合和创新。国产助听器质量较差，无法广泛推广和应用。进口产品价格虚高，很多听障家庭无法承担相关费用。助听器听力补偿技术与人工耳蜗听觉重建技术缺乏客观系统的评估。人工耳蜗自20世纪80年代问世以来，全世界已有近10万名聋人植入了人工耳蜗，其中2/3以上为儿童，而我国人工耳蜗多数依靠进口，产品价格过高，多数家庭无法负担购买装置以及之后的听力语言康复费用。

在肢体残障康复方面，目前我国肢体残障相关辅助器具配置缺乏客观评价，智能化康复设备缺乏，相关产业刚刚起步。而美国、英国等发达国家都已建立了统一的基础平台，提供了标准化的配置规范。2008年北京残奥会上运动员使用的假肢、矫形器、轮椅车等高端技术产品大部分出自国外公司，其中，竞技性辅具产品基本上全部来自于国外大公司。我国生产的轮椅只有普通型，运动轮椅、竞技轮椅尚未生产，一些高端轮椅的核心技术仍掌握在发达国家的企业中。德国、日本、冰岛的假肢生产公司都拥有造价近20多万元的微电脑控制智能假肢关节，然而我国现在的假肢生产厂家还仅仅以仿制国外20世纪80年代的机械式假肢关节为主。用于截瘫、小儿麻痹后遗症以及脊柱、肢体畸形患者的矫形器的应用在国外已经极为普遍，而我国装配的这类矫形器却十分有限。

二、指导思想、发展思路和发展原则

（一）指导思想

贯彻落实科学发展观，按照《国家中长期科学和技术发展规划纲要（2006—2020年）》确定的发展重点，落实《国务院关于加快培育和发展战略性新兴产业的决定》，紧密结合2015年我国“人人享有康复服务”的目标，与科技创新、组织创新、管理创新相结合，跟踪国际技术前沿的同时，要抓住关键问题，强化康复辅具的基础，突出创新，做出高水平的研究成果，同时为进一步的工程应用提供技术基础。在注重理论研究的同时，要将高技术辐射到国民经济中去的重要环节，推动产业化进程和高技术产业形成，将已有成果推广应用。大力推进康复辅具领域科技和产业的跨越式发展，实现康复辅具产业快速发展、康复服务水平不断提高和残障者生活水平显著改善，为国家经济社会发展提供强有力的科技支撑。

（二）发展思路

抓住发展机遇，以需求为导向，以创新为动力，以企业为主体，以整合为手段，根据残障者的实际需求，大力发展适宜产品，加快发展先进的智能化康复设备，提高康复设备的普及率。应以“技术基础研究”为根基，以“广大残障群体实际需求产品的研发”为手段，以“做大做强康复产业”为最终目标。通过集中全国康复研究机构和生产骨干企业的科研力量，整合全国辅具科技资源，加强新技术产品研究与开发，促进康复领域高新技术产业化发展。

（三）发展原则

1. 社会需求主导，优先解决量大面广的产品技术和共性技术难题

提前部署战略性残障者福祉科技研究，强化关键技术和共性技术攻关，为推进康复辅具事业发展和提升残障者生命生活质量提供技术、产品和相应的服务。在研发过程中，以我国紧迫的社会需求为主导把握总体目标，重点突破一些阻碍行业发展的基础理论、共性技术及产业化瓶颈难题。有选择地借鉴国外高新技术，实施其他行业先进技术在本领域的延伸、交叉和融合，优先解决辅具行业内量大、面广的产品技术和瓶颈难题。

2. 加快自主创新，支撑自主产业发展

突出工程化研究，在康复辅具创新研发方面择优建立若干国家级重点实验室，加强我国辅具产业创新能力的建设，注重研究方法的创新和技术创新。在技术发展方面，以国家科技支撑计划、863 计划等项目为切入点，带动技术创新工作的全面开展，为康复辅具科技自主创新提供必要的支撑条件，提升全行业的整体发展水平。

3. 集中优势力量，建设技术互补的研发平台

针对当前制约康复辅具行业发展的关键和共性的理论问题及技术瓶颈，增大国家科研投入的引导力度，设立多批国家重点科研项目，集中优势力量建设若干功能各异、技术互补的研发平台，培养一批康复辅具学术研究的带头人和研发队伍，促进辅具技术持续发展。

4. 深化体制改革，调动科研人员积极性

科研人员作用的充分发挥程度是康复辅具行业发展的根本，深化科技体制改革，营造良好的科研学术氛围，逐步建立应用技术研究、产业技术开发和产业化推广的激励机制，进而提高康复辅具科研单位及其科技人员的工作热情，增强自主创新活力。

三、智能辅具发展重点

近年来，国际智能辅具领域的科技创新高度活跃，信息、网络、微电子、生物材料、精密加工等各类先进技术和创新成果与智能辅具领域的渗透和融合日益加快，发达国家形

成了在原创能力和产业发展方面的强势地位。智能辅具成为全球产业竞争的焦点领域。我国智能辅具面临艰巨挑战，如智能辅具企业处于起步阶段，产业基础薄弱，产品研发水平相对较低，高端智能辅具核心技术和关键部件还不能掌握，难以与国外企业抗衡，在产业竞争中处于不利地位。

国家在加快人口健康科技发展，提升全民健康保障能力的基础上，明确提出针对老年人群、残障人群，加强生活辅具的开发。围绕我国“人人享有康复”的需求，根据普惠化、智能化、个性化等发展趋势，研究结构替代、功能代偿、技能训练、环境改造技术产品。重点研发智能视听及言语功能代偿辅具（人工视觉、人工喉、人工耳蜗）、新型假肢（智能膝关节及储能式假肢、肌电及神经控制假肢）、智能生活辅具（智能助行装置、高性能助听器、视障辅助装置等）、老年人认知功能训练系统、脑卒中及运动功能缺失智能康复训练系统、基于神经信号的智能康复训练系统等产品，提升我国智能康复产品的总体水平。

第四章　智能假肢

随着假肢技术的进步，智能假肢更接近真正的肢体。智能假肢技术是康复辅具发展的一个重要方向。智能假肢（i Prosthetic）是由人、计算机和控制系统组成的人-机一体化系统。智能假肢是将先进的智能控制技术、计算机技术、微电子技术、机械设计与制造技术、新材料技术与生物医学工程和康复医学工程技术融合在一起的高科技产品。在上肢假肢中，除外形和动作仿生外，人工智能技术的应用主要表现在感觉仿生技术上。实用肌电假手的感觉仿生主要是手指的触、滑觉。人工智能在现代下肢假肢中的应用更为显著、更为重要，如具有步速跟踪性能的智能假肢。国际上现有的假肢控制的信息源可分为两类，一类是与运动信息有关的物理量，如：足底压力、步态周期、关节角度等，另一类是与人体生物信息有关的物理量，如：肌电信号、脑电信号等。上肢已经实现了肌电控制，而智能下肢均是通过采集与人体运动信息有关的物理量进而对智能假肢进行控制的。

第一节　智能下肢假肢

一、什么是智能下肢假肢

配置假肢是下肢截肢者的唯一康复手段，因此，下肢假肢的好坏是能否使截肢者顺利回归社会的重要因素。

（一）下肢假肢

下肢在人的生活和劳动中的巨大作用是不言而喻的，如果，一个人因为某种原因不幸失去其肢体，那将给他的生存和生活造成巨大的困难，同时给他周围的人甚至他所处的社会带来各种影响。因此，为截肢者重建或部分弥补肢体功能是截肢者本人和整个社会的迫切需求。当医学和相关科学技术还没有发展到可以使截肢者的肢体重新生长出来的时候，只有依靠现有工程技术手段制造的“假肢”来应对截肢者的现实需求。下肢的功能是在神经系统的调节和有关系统配合下进行各种运动，在运动中骨骼肌的收缩是运动的动力，骨起杠杆作用，关节则是运动的枢纽。穿戴假肢后功能代偿是在发挥残肢的功能，利用假肢结构的特点来实现下肢假肢的作用是在满足截肢者站立和行走这两个基本要求。稳定性好，行走步态自然和节省体力，是衡量下肢假肢性能好坏的主要方面。下肢假肢的发展也是围绕这三个方面进行的。假肢性能的好坏除了与装配对线技术有关外，还与组成下肢假肢的元件——假脚、膝关节等关系密切。

膝关节假肢对于大腿截肢者至关重要。目前世界上有100多种膝关节用于大腿假肢AKP（Above-Knee Prostheses）。人体膝关节的运动功能相当复杂，假肢膝关节的类型、品种也是所有假肢关节中机构最多的。膝关节是膝部假肢、大腿假肢和髋大腿假肢中重要的功能部件，也是结构最为复杂的部件。对膝关节功能的最基本的要求是，膝关节在支撑期能保持稳定，在摆动期能屈膝。膝关节种类很多，功能各异。根据转动轴的数量，膝关节分为单轴膝关节和多轴膝关节。按照支撑期稳定控制方法，膝关节分为手动锁关节、承重自锁关节、几何锁关节、液压关节。按照摆动期控制方法，膝关节分为单摆关节、摩擦控制关节、气压关节、液压关节、微电子控制关节。根据材料不同，有单一合金钢、不锈钢、钛合金的膝关节，也有用铝合金与不锈钢、碳纤与不锈钢复合的膝关节。对于长残肢的大腿假肢和膝离断假肢，有比较适用的膝离断关节。

膝关节应保证支撑期稳定性，并在摆动期提供适当的膝力矩，以实现摆动灵活、自然。步行时当脚离地进入摆动期后，小腿的运动取决于大腿的摆动和膝关节力矩。然而膝关节力矩的大小和模式与步行速度、路面状况以及人体参数有关。膝关节力矩可以由摩擦力、弹簧力、气动装置、液动装置提供。但它们只能在装配时根据截肢者情况一次调定。

大腿假肢的步态跟随十分关键，因为若关节阻尼不能改变，则假肢不能随着健肢的步速变化而变化，致使步态不对称，截肢者能量消耗增大，会产生极大的不舒适感。传统的简单假肢采用机械阻尼，其大小不能调整或不能随步速自动变化，因此假肢在步态摆动相的屈曲与伸展期的膝关节转动速度与健肢产生不对称，在站立相的稳定性也主要是通过承重自锁或手动锁定机构来保证的。可以在膝关节中安装液压或气压缸来控制摆动速度，以适应截肢者步速加快或减慢的需要，即控制摆动速度可以允许截肢者以不同的速度行走。到了20世纪60~70年代，假肢膝关节开始使用液压/气压装置作为阻力元件，这种膝关节的阻尼可以通过手动设置液压与气压缸节流阀等来控制，通常只能根据各个截肢者状况每次设置一种摆动步速的对应值。

为了适应同一截肢者不同步行速度时所需膝力矩的模式，日本、英国等国家从80年代中期开始研究用单片机控制的智能型膝关节，于1992年展出样品，历时九年。

（二）什么是“智能”假肢?

1. 概述

人工智能的目的就是让各种各样的机器像人一样思考，具有“智慧”，模仿人类大脑的功能指挥操纵身体的其他器官，做到“知行”合一。智能下肢假肢就是采用这样的科学原理，在假肢膝关节系统中组合了模仿人脑指挥身体器官行动的必要模块，使该膝关节具有“感知外界环境变化的能力”“分析判断现实情况的能力”“操纵其他器官的能力”“反馈操纵结果的能力”，充分模仿了人类感觉器官采集信息，大脑分析归纳整理信息，肢体服从大脑指令进行行动的能力，促使该膝关节可以迅速感知地面状态，行走速度，并且实时做出调整以适应路面状况和行走要求。

2. 智能大腿假肢的发展简介

20 世纪 90 年代后期，世界智能假肢技术有了长足的发展。其中具有代表性的是——英国布莱切福特公司研制的英中耐（Endolite）智能大腿假肢、日本 NABCO 公司 2000 年 6 月推向市场的 Nl-C111t，他们率先将微电子技术、计算机控制技术与康复医学工程技术融合在一起，相继研制出了智能型的下肢假肢并已大量投入临床应用。然而，英国和日本研制的 IP、IP+ 和 NI-C111 并非真正意义上的“智能”下肢假肢。它们之所以被业界称之为智能下肢假肢，是因为在其设计中首次引入了微处理器芯片以及步速传感器，使其与以前的纯机械式下肢假肢相比具有自动调整步速的能力。然而，其调整步速用的控制器采用的是开环结构，无法确保位置控制量（气缸内针阀开度）的实际值与期望值准确相等，控制精度不高，并且控制器中也未采用任何智能算法。因此，如果把这些下肢假肢称作为机电下肢假肢可能更为合适。

2006 年 5 月在德国莱比锡国际展览会上亮相的德国奥托搏克公司研制的智能仿生下肢假肢 C-Leg 采用了人工智能科学的原理，应用整合计算机科学，仿生学，力学，机械学等一系列相关学科的内容，不仅可以实现普通假肢代偿下肢站立行走的功能，确保行走的稳定性、安全性和动态性能，而且，由于“人工智能”科学原理的应用，它突破了机械产品的局限性，具有“思考”和反馈的功能，可以更好地配合人体的功能需求，就像截肢者原有的肢体重新生长出来一样。

冰岛奥索公司（0SSUR）美国研究部和美国麻省理工学院研究人员共同研发的瑞欧微控电磁腿是最新一代人工智能假肢。它融合了生物和电子工程最新技术，该假肢是由健康腿的运动特征，判断人的运动方向、所需能量和速度并传输给仿生智能假肢的芯片，从而让假腿和健康腿保持协调一致的运动。该芯片具有世界首创内置的步态学习程序、使大腿截肢者无须再进行烦琐的调式和步态训练。使用者穿着它的时间越长，它的微处理器储存的数据就越多，这意味着它的运动更贴近真实的人体活动。截止到 2010 年，全球已有近 3 万名截肢者成为智能假肢技术的获益者。

我国于 1994 年也开始了智能膝关节研究，清华大学在国家自然科学基金支持下，研究了采用电流变液的智能膝关节。电流变液是一种新型材料，它的黏度随外加电场强度变化而变化。用这种材料制成阻尼器，可实现对膝力矩的实时控制。

（三）智能大腿假肢

1. 微处理器控制假肢膝关节

微处理器控制假肢膝关节（microprocessor-controlled prosthetic knee），又称智能假肢

膝关节，是通过微处理器控制液压系统的阻尼变化来调节支撑期稳定性和摆动期摆动速度的大腿假肢膝关节。

现已开发生产的所谓智能假肢膝关节，实质是一种由内置微型计算机控制的液压或气压膝关节。其工作原理是，当微机接收到由传感器输出信号后，经过数字处理再发出控制信号，控制微型马达转动来调节液压（或气压）缸的阀门以及时改变活塞的阻尼，达到对膝关节屈伸（小腿的摆动）速度的控制，进而实现自动跟随截肢者步行速度的变化以及在特定模式下对膝关节稳定性、活动型的要求，使截肢者获得更稳定、更自然、更随意的步态。装配这种膝关节的假肢更适用于对假肢的性能要求高、日常活动量大，且经济条件好的截肢者。智能大腿假肢目前已经成为许多发达国家康复辅具领域的研究热点。智能膝关节主要有如下产品：

日本 NABCO 智能假肢膝关节是由内置型可编程控制的气压式膝关节，即用光电方式测出假肢的摆动速度，提供实时、可变的速度节律来自适应截肢者步行速度的改变，促使截肢者获得更平稳、更自然、更协调的步态。

英国 BLATCHFORD 公司生产的是先进的微处理技术应用于大腿假肢的第二代产品，采用无线遥控装置配上自动反馈系统，能自动纠正步态的偏差，减少行走的不适，精确地适应截肢者不同的行走速度。

德国 OTTOBOCK 公司智能仿生腿（C-leg）是完全由微机控制的液压膝关节，软件预定值在瞬间可识别假肢步态的状态、位置。小腿连接管中的电子测力传感器，分别测取足跟着地和踝部扭力及前脚掌的压力，并对膝关节活动进行控制。能下楼梯、走斜面，并可随意改变行走速度。

2. 智能膝关节工作原理

智能膝关节的基本工作原理是，当微电脑接收到由传感器输出信号后，经过数字处理再发出控制信号，控制微型马达转动来调节液压缸的阀门运动，进而达到控制膝关节的状态。

中央微处理器相当于人脑，实时接受以这样的速度采集的信息，并根据这些数据判断假肢小腿摆动的速度和位置，以及从假脚足跟触地到前脚掌负重蹬离地面时的扭力和支撑状态，分析关节需要做出的反应，并将指令传达给智能大腿内部的伺服电机。伺服电机宛如神经系统，可调节液压缸内的液压阀以便在适当的时候提供适当的阻尼，实时改变小腿摆动的速度，确保膝关节在站立行走过程中的稳定和安全。液压缸协同其他部件模仿肢体活动，根据伺服电机下达的阻尼大小的命令指挥调整关节摆动的速度以确保其运动可以根据步幅和步频进行动态的控制；同时安装在连接管内的力矩传感器收集的数据确保站立时的关节阻尼调节随时适应关节的状态，保证假肢在整个行走站立过程中最大限度的稳定性和安全性。长效锂电池提供生命的动力，电能可以重复充满，一次充满电的使用时间大约为 40~45 个小时，如果使用者忘了充电，在电池电量即将耗尽的时候，智能仿生假肢会以震动或蜂鸣的方式报警，断电时关节会自动转换到安全模式直到重新充电，充电方式非常方便。整个体系的功能不管快行还是慢走、不论是活动还是静止都在进行。智能仿生假肢监测行走的每一步，会综合考虑所有测量数据的方方面面以适应任何一种情况，然后连续不断地回应使用者的需求。这就意味着不论是走楼梯、上下斜坡，还是应对不同的路况，使用者不用再集中精力控制假肢，而能节省体力和精力做自己想做的事。智能仿生假肢，是当之无愧的“智能”的假肢，可以帮助截肢者的生活重新焕发光彩。

3. 基本性能

微电脑以每秒钟 50 赫兹的采样频率，采集传感器信号，可以达到整个步态周期的全过程都是在微电脑的控制范围内。安装在踝部的两只传感器，控制假肢的支撑期稳定性，安装在膝关节内部的角度传感器，控制膝关节的摆动期状态。

膝关节的支撑期和摆动期可以分别由计算机程序进行调整，数据将自动的记录在计算机芯片上。当支撑期调整到非常稳定（相当于膝关节处于锁定位）时，不会影响摆动期的动态性，这一特性目前只有智能型膝关节具备。

智能仿生假肢可以实现日常生活遇到的所有运动要求：站立、跑步、坐下、下楼梯、下斜坡（30°）、蹲下、骑自行车以及开车，在有扶杠情况下上楼梯或斜坡、在不平整的路面上行走等。整个反馈过程能够实现因人而异的调整。智能仿生假肢的关键技术为步态分析与智能检测、运动学与动力学分析，可控多轴膝关节设计制造、步态实时全相智能规划与控制、支撑期自适应弯曲结构与控制等。

目前在国内经销的这种智能膝关节，主要有德国 Otto Bock 公司生产的智能仿生液压膝关节、日本 NABCO 公司和英国 ENJOYLIEE 公司生产的智能气压膝关节、冰岛 OSSUR 公司生产的磁流变智能膝关节。Otto Bock 产品的性能更为完备，但售价也昂贵；NABCO 公司和 ENJOYLIEE 公司的产品比较便宜、实用。Otto Bock 的智能仿生膝关节（C-Leg）号称世界上第一个完全由微机控制的液压膝关节。微机以每秒 50 赫兹的采样频率采集传感器信号，促使整个步态周期的全过程都是在微电脑的控制范围内。通过不同的传感器对假肢支撑期的稳定性和摆动期的速度变化分别进行检测，再分别由计算机程序进行调整，因此，即使当支撑期调整到非常稳定（相当于膝关节处于锁定位）时，也不会影响摆动期的活动性。这种膝关节除了可以根据截肢者的行走速度实现自动跟随外，还可根据截肢者的步态要求将关节设定在特定的状态下工作，例如：滑雪、骑自行车等。NABCO 公司和 ENJOYLIEE 公司生产的智能气压膝关节在机构设计和工作原理上基本相同，可根据截肢者事先用慢、中、快三种速度步行所采集的基本数据设定膝关节合适的摆动速度，以此作为实时控制的参照数据来进行步行速度的自动跟随。测试的基本数据保存在芯片中，更换电池时不会丢失，而且当电池不足时，假肢会自动恢复到正常的中速行走状态。奥索假肢公司 2004 年研发的 Rheoknee 产品，其内部配有的微型处理芯片每秒可以对足部的运动采样 1000 次。这也是首个使用磁流变液的产品，通过软件算法的指引，设备内的磁体能够引导包含微型铁粒子的液体形成链状结构产生阻力，同时小型的旋转刀片穿过液体，用以改变人造“膝盖”的运动。

4. 国产智能假肢膝关节

2011 年由河北工业大学、国家康复辅具研究中心、清华大学联合研制成功国产智能假肢气压膝关节，采用了四连杆与气压缸的一体化设计，利用传感器实现步态和步速识别，智能控制器能够根据穿戴者的行走速度自动调整气缸阀门开度，实时调整假肢的摆动速度，有效地解决了穿戴者行走步速固定、步态不自然、能耗大等问题。该假肢重量轻，穿戴舒适，外形美观，能够使穿戴者完成蹲、坐等姿势，步速上能够实现宽范围调整，填补了国内智能下肢假肢领域的空白。

近期，国内首款智能液压假肢膝关节——i-KNEE 在上海理工大学康复工程与技术研究所成功研发，i-KNEE 主要用于膝上截肢患者行走，尽管是一款被动型智能假肢膝关节，可是具有自主调节的机器人关节系统，系统由机电装置和电子控制系统组成，整机结构装配了多个传感器，用以实时监测穿戴者的各运动信息，并通过计算机芯片分析处理，实现了对患者步态相位、步速以及所处路况地形的自动识别，在行走过程中，i-KNEE 采用智能算法自动调节行走阻尼，自动适应穿戴者的行走速度以实现优良的行走步态，并通过对传感器数据进行分析预测穿戴者的动作意图，帮助患者自然地在平地、楼梯、斜坡等多种路况下行走，并在穿戴者绊倒时能够自动锁定膝关节以防跌倒。

二、智能大腿假肢的“智能”程度

（一）高速采集指挥行走系统的信息

人的眼睛在物体突然出现的时候，要花 0.05 秒才可以看清物体的轮廓；然而智能仿生假肢的膝角度传感器和踝关节力矩传感器就是该膝关节的感官系统，它们以每秒 50 次的速度采集指挥行走系统的信息，相当于每 0.02 秒采集一次信息。奥索假肢公司 2004 年研发的 Rheoknee 产品，其内部配有的微型处理芯片每秒可以对足部的运动采样 1000 次。

智能大腿假肢是目前唯一能够覆盖从慢到非常快的较宽步速范围的假肢，某些截肢者使用智能大腿假肢后能够实现 120m/min 左右这样一种接近跑步的速度。

（二）自适应仿生大腿假肢

1. 概述

自适应仿生大腿假肢是第三代，它可即时探测到截肢者以不同速度行走、下坡、下楼梯、绊脚要摔跤等不同的行走方式和行走状态，并据此迅速做出反应，给假肢以恰当的控制和支持，让其智能跟随模仿健侧肢运动，使截肢者可像正常人一样行走与站立，自适应仿生大腿，不但具备识别速度，步态自然，而且能自动识别坐着、站立、平路、斜坡、楼梯、绊倒等状态。提供相应的支撑力确保安全。自主编程关节，增强活动能力，打开开关并走动。系统可提供最适宜的程序，由于它接收到的是步行过程中的实际信息而不是我们想当然会发生的情况。任何时候，使用者都可启动和重新编程，以适应不同的环境和活动等级，譬如登山时或者在更换了一只鞋子时。

新型的力传感器与速度传感器组合，力传感器探测支撑期膝关节受力情况，速度传感器感应摆动速度，二者配合使用，可精确判断截肢者所处的不同的行走状态和行走方式。独创的液压缸和汽缸组合装置，既发挥了液压缸控制支撑期安全可靠、力量强劲的特长，又突出了汽缸支持摆动期反应迅速，轻便敏捷的优点。辅以最优秀的胫管，踩和假肢组件配置，该假肢集中彰显当今世界假肢业的最新科技成就。遥控器可在不干扰截肢者自主行走的情况下对假肢进行遥控编程设置，直到截肢者在各种行走状态和行走方式下都像正常人一样自然顺畅。编好程序后，假肢的设定信息立即返回到遥控器。配备的智能卡可储存、更新、利用该信息。

2. 全自动碳纤仿生膝关节

英国的 Endolite 全自动碳纤仿生膝关节。全智能关节应用智能编程技术，该技术在运动中为具体使用者设置最佳的摆动程序。具体使用者通过选择理想程序，可走出高效节能的步态。而且，研究表明这种智能气压摆动控制会减少大腿截肢者的能量消耗。巴克利等人论证了该膝关节的节能问题，通过在不同步速下对标准控制和智能控制进行分析，结果智能控制的耗氧量减少了 6%。

全自动碳纤仿生膝关节的优点主要体现在以下几个方面：在慢速行走时，气压智能控制比标准装置控制的耗氧量要少得多；扩大了步速的范围；迈步更平稳程序与活动等级的完美结合让变速时步子更平稳，步态更自然；自发性既不需要记住编程指令，又不需要编程器，智能关节自动让摆动达到最佳水平；配置高效，从装配完成的那刻起，截肢者可不需技术指导地自行调整，如，更换新鞋后可重新编程（以达到和新鞋完全适配）；操作便捷，当智能关节处于程序模式下，可随时中断并在不同路面行走，此时系统可根据采集的数据对已有的设置进行改进和调整；已证明的技术，站立期的重量激发控制会提供平稳安全的膝部稳定性；可变的站立屈曲会在模仿真膝运动时增加脚跟击地的舒适度。

三、微电脑控制假肢膝关节及其控制技术

应用微机对假肢膝关节的运动进行自动控制，研究微电脑控制膝关节假肢（Microcomputer-controlled prosthetic knee，MCPK）。MCPK 在技术上控制假肢支撑相的稳定性与和摆动相的步态对称性，以及适应下坡、不平路面、绊倒等环境的变化，这种假肢膝关节利用传感元件检测关节的位置和速度，经过微机处理输出信号控制假肢力矩驱动元件或阻力元件，进而控制假肢的步行速度及模式，保持步态的对称性、稳定性和减少能耗。然而，MCPK 安装于人腿，人体通过大腿髋关节对其施加间接作用力，其步态的协调

实际上是一个复杂的非线性系统控制问题，需要人们进行系统的研究。通常意义上讲，应用微机控制的膝关节可以被分为有动力源的主动控制（Active Control）膝关节和无动力源的被动控制（Passive Control）膝关节，然而也有人把用微机对关节力矩进行主动控制（包括主动力或阻尼力）的膝关节称为主动控制。这里把 MCPK 划分主动和被动控制膝关节。

（一）微机被动控制假肢膝关节

大多数被动膝关节机构通过微处理器根据检测信息改变膝关节阻抗（刚度和阻尼）来进行控制。被测量的信号是膝关节的角度位置和速度、从假肢髋部或残肢测量的肌电信号，以及装于假肢中的力或开关传感器信号。被动式膝关节机构通过改变膝作为假肢瞬态函数或响应另一腿状态的关节阻尼或刚度来控制膝关节的机械阻抗。目前关节阻尼大多以液压、气动和电制动器等方式实现。

1. 液压 / 气压膝关节

微处理器控制被动膝关节假肢在世界范围内得到了广泛的临床应用，这改变了传统的系统只能设置一个固定范围假肢阻力的状况，实现了更宽范围的步速。

而这种改变大多以液压 / 气压缸配合弹簧来模拟人体肌肉和肌腱的阻尼和刚度作用，液压 / 气压阻尼缸的黏性和集成弹簧的弹性组成一个可近似模拟人体肌肉骨架的动力学模型，这种模型是一种非线性人机复杂模型。人体肌肉骨架的动力学模型从 20 世纪 50 年代起就开始了大量的研究，但电控液压 / 气压动力学模型的研究还非常少，阻尼缸在多大程度上可描述真实肌肉肌腱的作用尚无直接的理论和实验的直接证明。大多的研究或产品开发采用了仿人控制、专家控制、模糊控制等智能控制技术，避免了对液压 / 气压假肢复杂对象的直接建模。美国加州大学伯克利分校的 RADCLIFFE 教授在 1977 年提出了膝关节角度与力矩的关系图，通过微电脑可控制液压 / 气压缸的阻力矩，以跟踪理论所需力矩，达到跟踪膝关节轨迹曲线的目标。

液压与气压 MCPK 的研究最早可追溯到 20 世纪 70 年代。美国麻省理工学院 Flowers 等学者在 20 世纪 70 年代初研究了使用微电脑控制液压阻尼缸实现关节摆动速度控制的可行性。1986 年日本 Hoyogo 康复中心介绍了一种由 Belgrade 大学开发的可实用的简易 MCPK，这种膝关节可通过微处理器控制电机调节气缸回路针阀开度来调节气缸阻尼，从而控制摆动相步态。1990 年英国 Blatchford 公司的工程师 Saced Zahedi 设计了世界上第一个气压式 MCPK。1996 年，Zahedi 通过分析截肢者的活动，开始从事关于新一代微处理器控制的工作。

目前国际上已开发出了多种商品化的液压 / 气压 MCPK，最有名的包括 Otto Bock 的 C-LEG、Blatchford 的 IP、Smart IP、Adaptive Knee、Nabco 公司的 NI-C411、德林公司的 Auto-Pilot 电子膝关节和 Ossur 公司的 Smart Magnetix Knee 等，其中 NI-C411 和 Auto-Pilot 膝关节是四连杆电子膝关节。综观这些最新的微电脑控制膝关节，大部分可以通过控制液压 / 气压缸同时控制摆动相的速度和支撑相的稳定性，此外，还可以适应不同的环境自动调整行走模式，如下坡/楼梯、绊倒、坐下等。不过这些关节的速度大多只有有限的几种（一般为高、中、低三种），不能随意适应任意步速的变化。有些假肢膝关节还能模拟人体站立相的屈曲功能，如德林 Auto-Pilot 和 Blatchford 的 Adaptive Knee 就可以在支撑相前期产生一定的弯曲，以缓冲腿的步行冲击。2003 年，美国专利 6517585 首次公布了 Blacthford 公司设计的一种独特的液压/气压组合膝关节（Adaptive Knee）。Adaptive Knee 采用了液压/气压组合式阻尼机构，在摆动相主要依靠气压缸产生阻尼，然而在站立相主要依靠液压缸的作用，液压缸在膝关节弯曲的前 0~30 度范围也起阻尼作用，以增加步态的稳定性，同时在摆动相伸展期末端液压阻尼还被用来缓冲关节的冲击力。2006 年 Blacthford 公司开发了第二代的 Adaptive Knee 和 Smart IP，后者是在原 IP 基础上改进而成的气压型“聪明”智能假肢，其无须训练，可以随时通过穿戴者按程序使假肢自动学习，以适应不同步速、不同环境、不同鞋重的变化。

Otto Bock 的 C-LEG 完全采用了液压缸。微电脑假肢膝关节采用传感器检测假肢的角度和速度，除了改进步态外，同时这种假肢还可以自动适应环境变化，提升截肢者的活动能力，减少能量消耗。

2. 磁流变阻尼控制的智能膝关节

电磁变流体（MR 流体）是一种可在磁场下从黏性流体变化到半固体实现屈服强度可控的一种流体，通常利用电流进行磁场控制。

Otto Bock 公司设计了一种膝关节用磁流变阻尼控制技术（专利 CN1448116A），2001 年 MIT 也公布了一种电子控制变矩磁流变的膝关节，该技术应用一些交错的定子和转子来剪切它们之间间隙中的磁流变流体，通过制动器工作在“剪切模式”，以减小流体压力或压力变化。此外，这种多重流体间隙还提供了很宽的动态力矩调节。

Ossur 公司在 2005 年新推出了一款基于磁流变阻尼控制的智能膝关节。该膝关节除了利用磁流变技术实现关节的阻尼控制，还采用了功能强大的微处理器，其以高达 1000Hz 高速检测关节信号，这些信号包括利用速度传感器检测的速度信号和力传感器检测的信号。此外，该关节的最大特点是应用了动态联想记忆的智能控制技术，可以在穿戴者从慢速到快速行走的数十米内立即学习并记忆到最优控制量。

（二）微机主动控制假肢膝关节

主动控制型动力 MCPK 的控制十分复杂，这是因为，在行走的双脚支撑期形成了一个闭环的动力学链，因此是一个动力学不确定的结构；人体运动机构存在冗余性；无论开环或闭环控制都需要跟踪轨迹，而轨迹很难预先得知；存在随机的干扰性。此外，驱动能量也是主动 MCPK 的关键难题。

膝关节的主动控制是下肢假肢设计的理想目标。被动假肢主要依靠残端大腿对关节施加力矩，截肢者消耗能量大，易疲劳，且步速的协调性主要通过对关节阻尼的控制进行被动调节。对于这些问题，人们寄希望于主动假肢的设计来解决。总体来说，主动控制膝关节转动规律是一个随动伺服控制系统问题。主动（动力）膝关节所需能量的动力源非常大，且持续时间短，并增加了重量。自给能量系统是利用一个步态周期中储蓄的能量用于下一个周期步态的驱动。在站立相，踝关节液压缸压缩储存器中的流体进行蓄能，在摆动相时液压膝关节机构被驱动并通过针阀进行控制。这个概念面临能量储存和使用的低效能问题，这些事实将是阻碍动力假肢商业化面临的主要问题。

在已有的研究中动力假肢的驱动器大多采用了伺服电机直接驱动和电液伺服马达驱动。电液伺服驱动能提供高达 800inch-pounds 的弯曲和伸展主动力矩，上楼梯时的力矩可达 54Nm。近年来，有少数学者尝试应用通常在机器人技术中广泛应用的气动人工肌肉对下肢假肢进行主动控制。

（三）MCPK 的智能控制技术

MCPK 可归结为一个自然不稳定、强耦合、非线性、柔性系统实时轨迹跟踪问题，跟踪的目标是膝关节的屈伸角度随时间的变化曲线，控制对象是膝关节处的阻尼器。

假肢步态的复杂性致使了与反传统方法的智能控制器（软的和非解析的）的发展。传统的控制方法是基于获得过程的动力学数学模型（即响应是完全可预测的）。并且在大多数时候，是线性数学模型。在通常情况下，基于人体运动动力学模型（即使是线性化模型）的控制器很可能是十分复杂的，缺乏鲁棒性且不适合实时控制。

一方面，AKP 智能控制器用于步速的快速学习与跟随，通过建立输入输出响应关系的控制器实时改变膝关节的刚度和阻尼（阻力矩）来跟踪步行速度；另一方面，非线性步行模式的识别与控制也只能依赖于智能控制器。这样步态控制就可像数字算法一样，通过完成逻辑操作来实现，这种逻辑作用具有固定的预定顺序、有限的操作和最少的解析计算，以实现与步态的站立和摆动相相协调的复杂运动形态。

1. 有限状态的专家控制方法

下肢假肢下楼梯、走斜坡等步行模式控制大多采用了一种叫作“顺序有限状态机”（SFSM）的专家控制技术。

2. 神经网络控制方法

国外对智能控制的假肢应用还不多见，基本上是基于理论和仿真研究。理论研究大多集中在模糊控制、神经网络、专家控制、分层多级控制等智能控制方法。实际电子下肢假肢应用智能控制还很简单或少见，如，德林公司的模糊控制、Ossur 的 Reoh knee 采用动态学习记忆矩阵算法（DLMA）、英中耐的 Adaptive 腿以及 Otto Bock 的 C-Leg 中使用了专家控制进行模式识别。有人研究了一种基于 FEL（Feedback-Error Learning）的 BP 网络控制器与 PD 控制器结合的神经网络监督控制。典型的 FEL 方法使用机器映射代替闭环控制中反馈环节的参数估计。FEL 是一个前向神经网络结构，训练时，其学习控制对象的逆动力学模型，在神经网络训练中引入了比例微分（PD）控制器来保证稳定性。FEL 控制器的训练是通过基于 PD 控制器的输出来改变权值实现的。

神经网络与传统 PD 控制的结合所组成的神经网络监督控制是假肢智能控制的一个发展方向，其中基于 CMAC 神经网络的 PD 监督控制是一种有效的步速实时跟踪方。

网络监督控制方式，小脑神经网络（CMAC）通过 PD 控制器反馈控制获得的输出信号 U（总脉冲数）与系统输入信号 Y（摆动速度）数据组进行在线训练。由于 CMAC 学习速度快并且输入为一维向量，因此，由 PD 控制器提供的训练样本数不需要很多。

针对智能假肢对不同步行模式（如上坡、下坡 / 楼梯、平地行走等）的力矩进行实时跟踪控制的需要，作者提出过一种新型变结构的小脑模型神经网络控制器（CMAC）。这种 CMAC 利用一种随机重连学习算法对 CMAC 的输入模式进行遍历，其结构自组织到一个相对稳定状态；该状态下，神经元上的输入连接不均匀分布，其度分布服从幂律分布，从而起到了优化 CMAC 结构的作用。这种变结构 CMAC 可以改善智能假肢适应步态变化的跟踪效果。

3. 典型 AKP 的智能控制方法

为了剖析现有智能 AKP 的一般控制原理，这里以目前世界上商业化程度最高的智能假肢之一——OTTO BOCK 的 C-Leg 假肢为例进行分析。C-Leg 腿与 Endolite 自适应智能仿生假肢在总体控制机理上有些类似，然而自适应仿生腿采用了液压 / 气压一体化阻尼缸，融合了支撑相的稳定性与摆动相的灵活性控制。两种智能大腿假肢在总体上都是以行走模式（平地行走、下坡 / 楼梯、坐下、绊倒等）与行走速度为两大控制目标，以基于规则的专家控制方式进行控制目标切换与开环输出，并且均是以假肢的膝关节转动位置、速度与状态为输入，以步进电机或伺服电机的驱动值为输出，控制膝关节阻尼缸的状态（锁定 / 自由）与阻尼值（针阀开度）。

C-Leg 腿在假肢膝关节轴上安装了一个霍尔效应传感器，用以测量关节角度与速度，在假肢的骨架上安装有 4 个桥接的箔应变片，用以测量人体中心相对于 AKP 的脚板前部、中部或后部的位置，即测量脚踵部与趾部的负荷（离地状态），便于判断步态在支撑相的位置以及步行模式，以便根据与预设阈值的比较判断选取相应的控制程序或输出值。

C-Leg 使用液压阻尼器被动地调节假肢膝关节的角速度或转动；微处理机从装在假肢上的应变片和膝角度传感器收到的信息识别常见的步行模式，并将信号与存储的临界值进行比较，这些临界值是预定过渡点的指标，选择这些过渡点用于调整弯曲和伸展阻尼中的至少一种。当接收到的信号值与存储的临界值一致时，启动输出信号，自动改变膝关节在弯曲和伸展之一或两者中的转动速率；输出信号启动调节阻尼器阀门组件的电动机，在步态的各过渡点做出反应，阀门组件能同时地、可变地和独立地控制阻尼膝关节在弯曲和伸展之一或两者之中的运动，实现路况自动识别与步速协调。

四、智能假脚

人脚的结构极其复杂，它与踝关节配合实现人体站立、推进和平衡功能。要做出完全仿生的假脚是十分困难的。然而 1981 年美国出现了被誉为新一代假脚的储能脚在功能仿生方面有很大提高。经过不断研究与改进美国的西雅图（Seattle Foot）、富莱克斯（Flex）假脚已形成成套产品并占有巨大市场。储能脚是用高弹性、高强度、低阻尼的材料制成的。在步行的支撑期内，前半时假脚产生变形以吸收能量；后半时变形恢复，释放能量。正常人的脚由于肌肉做功，其输出能与输入能（储能）的比例大于 100%。假脚由于无动力元件，比值不能达到如此高的放 / 储能量比。储能脚的这个比值比传统脚要高得多。有关资料表明，西雅图脚达 52%，富莱克斯脚达 84%，（后又有资料称达 98%），而 SACH 脚只有 36%。高的放 / 储能量比使使用者步态轻松。同时由于脚的高弹性使其步态更加自然。

（一）概述

人工智能被用于假肢领域，带大脑的脚亮相残奥会。Oscar Pistoriu，南非短跑选手，一个仅靠假肢与健全的运动员比赛的截肢者，和健全的运动员比赛 400 米，居然还取得了第二名，这是因为他那双与众不同的“脚”的非凡功能。

1. Oscar Pistorius 与众不同的“脚”

为南非短跑选手 Oscar Pistorius 提供“飞腿”的 Ossur 公司，其研发团队采用以用户为中心的设计方法，定期在德国、比利时与美国等地收集截肢者的情况。Ossur 的研发副总 Janusson，从这些反馈中发现问题的所在。Janusson 和他的团队发现，许多截肢者在使用原本帮助他们走路的假脚的时候，常常会摔倒。尽管其他假肢设计者可能也知道这个问题，但是没有想出 Ossur 这样先进的解决方案：创造一个真正的栩栩如生的脚，可以给出截肢者实时的反应，就像一个生物附加物。Janusson 的解决方案，使用了在假肢领域从未采用的技术——人工智能。

2. 带有大脑的“脚”

奥索公司查阅的临床报告当中，有很多截肢者承认穿着僵硬的传统假肢令人沮丧。他们甚至不敢进行简单的散步或运动，由于害怕跌倒可能会损害到心血管或者肌肉的健康，这可能导致进一步的医学问题，如心脏病。得知这个不幸的事实之后，Janusson 和他的工程及设计同事，决定根据用户需要制造更舒适、稳定和自然的假肢，能让截肢者更灵活的移动。于是 Janusson 与持有化学科学和工程博士学位的冰岛人和来自英国的利兹大学的同事一道，领导团队设计了一只脚。它利用运动传感器和先进的软件，可以带给截肢者流畅、自然的移动感受。采用铝制作而成的假肢 Proprio，配有的硬件设备能够以每秒 1000 次的速度感受和测量踝关节和腿部的运动，可以得知用户行进的方向和速度。专有软件分析和数据，能够指示“脚”去适应用户的运动，这样使用者就能非常简单的前进了。这个“脚”

还能在使用者坐下的时候指向下面，做出以前的假肢无法实现的自然、栩栩如生的姿势。

3. 生物学和力学的结合

奥索公司和其市场上的竞争者完全不同之处就在于创新的仿生学平台。利用人工智能和自适应能力的假肢为用户提供了独立和安全的感觉，并且帮助截肢者恢复丧失的功能。由于独特的整合了生物学、力学和电子学等等技术，假肢技术得到了进一步的推动和发展。当 Hilmar Janusson 在 1991 年从英国利兹大学获得化学科学和工程博士学位的时候，绝对想象不到自己将开创假肢领域的新局面。当时，他想自己可能在军事、航空或汽车领域进行研究。

4. Ossur Dynamic

Ossur Dynami 是奥索公司 2003 年的产品，它能帮助那些脚部和踝关节有问题的患者，这个动态脚踝采用碳纤维制成，能够很快地反馈给使用者信息，进而使脚步的移动更加真实。

5. Flex–FootAxia

奥索公司将产品 Proprio 应用运动传感器和仿生学，为截肢者提供了一个真实运动中的好帮手。具有人工智能的 Proprio 可以通过编程来反应不同的步伐。

（二）本体仿生足

英国广播公司（BBC）制片人斯图尔特・休斯在伊拉克报道战争时，不小心踩到地雷，失去右小腿。截肢后他安装了假肢。休斯在试用冰岛奥索假肢公司研发的新型仿生足后说：“它和我以前的假肢很不一样。过去我总是要考虑前方的地面状况，相应调整假肢。然而仿生足可以自己应对这些问题，就像真正的人腿一样。”这种仿生足是奥索公司推出的“仿生”假肢系列产品之一，名为“本体”。奥索公司工程师里查德・海伦斯介绍说：“仿生足内装有传感器，可以感知使用者是在走平路、上山下山还是在爬楼梯。每种地势都有对应的独特信号，由控制仿生足的内置电脑软件来解读。现在甚至有人使用这种仿生足攀登喜马拉雅山。”由于这种智能感应，“本体”的使用者可以更轻松自然地站立或坐下，步态也更加平衡矫健。

脚踝灵活。另一位试用者——英国曼彻斯特小镇德罗伊尔斯登少年斯科特・沃尔介绍，这种仿生足的另一优点是脚踝十分灵活。这是奥索公司依靠其独有的踝关节模拟技术开发出来的。使用中，仿生足传感器对地形做出准确判断，然后指挥脚踝做出恰当的调整。使用者可以在起立和坐下时像正常人一样把双脚向后收拢。当人坐下后，脚尖位置更加自然。行走时，灵活的脚踩会自动指示脚尖在准确的时刻提起来，与地面保持合适的距离。“本体”的灵活脚踝确保了使用者既不会蹒跚而行，也不会在登楼梯时身体不稳。

此外，美国军方曾经研究过电动靴，希望帮助士兵负重长跑。“本体”的出现就是基于这种研究。现在，美国已经有一些医生给伤残士兵装上“本体”，并发现它非常灵巧。目前，有越来越多的士兵在汽车爆炸、自杀性爆炸袭击中致残。军方打算把这种技术尽快应用到这些伤残士兵身上，帮助他们恢复正常生活。随着仿生足的不断完善，它甚至可以帮助截肢士兵重返战场。物理疗法专家凯特·舍曼在英国萨里郡一家负责士兵康复的医疗中心工作。他们主要帮助伤残军人重新归队服役。舍曼说："这项技术给我们的康复工作带来新的灵感。我们正在密切关注仿生足的研制进展，希望将来能有机会参与它的进一步研发。"

第二节　智能上肢假肢

上肢是人类生活和劳动的重要器官，任何部位的丧失，都会给截肢者造成生理、生活、工作、心理、社交上的困难和精神负担，上肢假肢是截肢者用于补偿、替代上肢整体或部分缺失的体外人工器官。尽管目前上肢假肢功能还比较简单，不能完全满足截肢者的要求，然而截肢者经过功能训练和适应阶段后，在日常生活、学习、工作中仍能起到一定的作用。经过近百年的研究与开发、应用，现代上肢假肢装配已成为截肢者康复中的重要手段之一，并在不断地发展。

一、概述

（一）上肢假肢

上肢假肢（upper limb prosthesis）是用于替代整体或部分上肢的假肢。在辅助器具领域中，上肢假肢具有特殊意义，经过努力，可以从功能上和美容上代替人手，促使截肢者恢复一定的生活自理能力和工作能力。

由于人类的上肢结构十分精细，动作极其精巧，主要运动是由人的中枢神经直接控制的，按照人的意志实现个别或协调动作，能完成多种功能的输入与输出的系统，上肢具有各种感觉（触、压、痛、热等）。因此，在上肢假肢发展中，动作的精巧，灵活、准确的控制方式是人们不断追求的目标。

从康复工程的角度来看，在上肢假肢发展中，人们始终致力于完善功能、使运动和控制方法仿生性好和提升可靠性。肌电控制电子上肢假肢，由于运动控制仿生性能好而受到青睐。

国内外的商业化上肢假肢有机械索控假肢、肌电假肢和肌电索控混合假肢。传统的机械索控假肢是利用假肢使用者的自身力源，通过残留肢体的机械动作拉动绳索或链条来操控假肢的肘关节及手部装置。由于控制方法的固有局限，机械索控假肢存在着功能单一、操控缓慢、动作笨拙、维护困难等问题。

为了解决上述的问题，长期以来，人们利用各种先进的技术方法研发高性能假肢及控制系统。目前，世界上已有多家假肢与机器人公司开发了多功能的机电一体化假肢或部件。例如，英国 Touch Bionics 公司的 i-LIMB 手有 5 个可以独立控制的手指；机器人公司的 Shadow 手可以做 24 个不同的动作。近几十年以来，从肢体表面记录的肌电信号（electromyogram，EMG）被广泛用于上肢假肢的控制中。目前的肌电假肢（例如，德国 Otto Bock 及我国上海科生等）利用一对残留肌肉（主缩肌与拮抗肌）控制一个动作自由度。肢体截肢后，肌电信息源是有限的，截肢的程度越高，残留的肢体肌肉越少，而需要恢复的肢体动作越多。因此，这种传统的肌电控制方式不能实现假肢的多自由度控制。此外，目前的肌电假肢操控方法不符合人们“自然”使用肢体的方式。例如，对于肘部以上截肢者，需要用残留的二头肌和三头肌控制腕部动作或手部动作，然而在截肢前，二头肌和三头肌是与肘部动作有关的肌肉。为了利用一对肌肉控制更多的运动自由度，肌电假肢增加了肢体动作“模式”切换功能，“模式”的切换是利用使一对肌肉“同时收缩（co-contraction）”或附加开关来实现的。这种控制模式使假肢的使用非常困难，不适合多自由度假肢的控制。因此，目前的肌电假肢存在着训练过程漫长、动作笨拙、假肢使用者的精神负担大等不足。据统计，在拥有肌电假肢的截肢者中，大约不到 50% 的人经常使用他们的假肢。研究和开发先进的假肢控制系统，改善和提高假肢的操控性能，尽快地为广大截肢人士提供多功能、直觉（仿生）操控的假肢系统，不仅可以提高广大截肢者的生活品质和就业机会，也将会大大地降低国家、企业及家庭为他们所付出的服务成本。近年来，我国学者在研制高性能假肢及控制系统中也开展了一些相应的研究工作。在多功能机电一体化假肢或部件方面，东北大学研制的机械手可以做 8 个腕部及手部动作。

（二）智能假手

1. 智能假手的定义

目前人们对于智能假手的研究尚处于初始阶段，还没有对智能假手的明确定义。概括地说，所谓智能假手，就是将微电子技术、计算机控制技术与生物医学工程技术以及传感器技术等一系列高新技术融合在一起，制作出的能够模仿人手的感觉和动作的仿生手。

2. 智能假手研究的最终目标

智能假手已经成为康复工程，生物医学，机构学，计算机，自动控制技术，微电子技术，传感技术，机器人学等诸多学科交叉的综合成果。随着新材料，新技术的发展，对假手的研究将不断完善。智能假手研究的最终目标是制造出外形与人手相仿、功能与人手接近、具有类似人手皮肤的感觉、能对抓取动作进行实时控制的仿人手。智能假手是科研人员坚持不懈进行研究的一个美好目标。

3. 智能假手的发展历程

民政部假肢研究所成立后，便与清华大学、上海交通大学等合作开展了肌电假手的研究。中科院上海生物物理所也开展了研究。清华大学由于成功地发明了适用于假手的增力机构而获得国家发明奖。假手的传动机构，由于体积小，电机功率小，运动的速度又不能太慢，从而夹持力就不会太大。增力机构的原理是当手指未接触物体时，速度比较高。一旦接触被夹持物，速度下降，进而起到增力作用。这些研究成果使我国步入现代康复工程的行列，结束了我国没有自行生产肌电假手的时代。目前不仅可供应国内市场，还有产品出口国外。除了假手以外，上海生理所的电动肘关节和东南大学的肩关节离断假肢研究与生产也取得很大成就。一些学者也对肌电控制的人工手及上肢进行了实验性的探索研究。例如，中国科学院上海生理研究所利用一对 EMG 电极，研制了一个 3 自由度肌电控制上臂假肢。与国外其他假肢公司的产品一样，该肌电假肢需要不同自由度之间的“切换”控制，没能真正实现假肢的多自由度直觉控制。综合国内在肌电假肢控制领域的研究，不难发现，不论是在研究的深度，还是在广度上，都与国外有着很大的差距，更没能实现直觉控制的多功能肌电假肢实用化。更高层次的仿生假手，应向动作精巧、感觉反馈和对被握物形体的适应方面发展。1995 年德国 OTTO Bock 公司研制成的比例控制假手、英国提出的智能型肌电假手，可以根据肌电信号的强弱控制握力和速度。美国西北大学研究出有滑觉反馈的握力感觉假手，可以握住很薄的纸张。我国也已涉足这些领域，如，清华大学研究的以微弱电刺激为反馈信号的力感觉反馈系统，对握力感觉达到 0.3 公斤。上海交通大学与上海医科大学附属中山医院还应用显微外科技术进行手臂残端再造手术，并利用再造指控制电子手，从而大大提高控制的准确率。此外，多关节形体自适应假手也在研究之中。

（三）智能假手的特点

智能假手应具备以下几个特点：

一是具有良好的装饰性外观，形状自然，不引人注目；

二是尺寸紧凑，质轻，结构比较简单；

三是动作灵活、自然、柔性好、可靠性高，能完成复杂的抓取任务，如，抓取扁平物体；

四是具有智能和适应性抓取能力，能够及时准确地感知被抓握物体的状态信息并及时做出相应调整，具有感觉反馈功能；

五是具有适宜的抓取速度并能承受较大的压力；

六是成本低、能源消耗少且供给方便、易于维护、经久耐用等。

二、智能假手功能要求和控制模式

具有握力与滑觉感知能力的智能肌电假手具有较高的灵敏度和可靠性；握力与开合速度是无级可调的，即能根据物体和手的位置自动选择速度和力度大小；对手指与物体的相对滑动能自动反馈跟踪，根据反馈信息施加最佳握力；响应迅速，无明显延迟。

（一）信号前向同道

肌电信号只有数十微伏水平，如此微弱的信号必须放大到一定幅度才能用作控制信号。目前通常是先对信号进行前置放大，使信号达到一定幅度再通过双 T 滤波网络滤除工频。

然后再经过一级低通滤波，形成一个低通频带，进行幅值放大，利用这一放大了的幅值信号控制驱动电路来实现电机正反转。这种控制模式简单易行，然而准确性与可靠性要受影响。

智能肌电假手前向通道模拟信号做了如下处理，首先根据每个人肌电信号的个体差异选用某一特定的频率为中心频率，然后再把上述肌电信号频带窄带化。后续的信号采集、处理和控制都依据这一频率进行。这样有针对性地进行信号采集、处理，将有助于系统可靠性的提高。应用中，首先检测得到针对个体的肌电特征频率，并进行优化，以此作为采集、处理和控制的基准。

（二）传感器

传感器在智能假手中至关重要，通过它形成闭环控制。力传感器与滑觉传感器相互配合，以决定握力是否足以拿起物体，力度是否合适。特殊的使用环境，对传感器的选择限制较多，如体积、功耗、灵敏度等。因此，选择传感器应综合考虑多方因素。

力觉传感器种类较多，不同类型，各有特点。可以通过电阻应变片感受压力，也可以通过单晶硅的压阻效应或石英、压电陶瓷的压电效应感受压力。尽管这些方式测量压力都是有效的，但它们应用到假手上却存在着一些弊端，有些是无法克服的。滑觉传感器的选择相对困难得多，工业上有多种方式可以检测滑动信息，如，可通过触点感觉滑动球上不同区域的电阻值变化来感知滑动，也可通过光栅或电感、电容变化来检测滑动，或者通过滑轮以及光电器件来检测滑动信息等。但应用到假手上却受到体积、可靠性等条件的制约。

智能假手采用高分子材料聚偏氟乙烯（PVDF）作为力觉和滑觉复合传感器。它是利用高分子薄膜的压电效应来感觉力和滑动的。这种传感器有工作温度范围宽、体电阻高、重量轻、柔顺性好等特点，且机械强度高、耐冲击、频响宽。更重要的是，它容易实现小型化，这对假手来说是很重要的。但这种传感器只能检测动态信号，因此需要特殊设计的传感器结构。

（三）握力与速度的无级调整

握力与速度的变化，可通过改变电机的输出转速与功率来实现。假手使用微型直流电机，其具有较好的调速性能，改变其供电电压即可实现调速，方便易行。改变直流电压的方法很多，但为了更好地数字化、程序化控制，采用脉宽调制（PWM）方式，要采用数字量→脉宽调制→无源滤波→归一化→电流扩展→执行机构的功能发展。

控制数字量是根据肌电信号、力觉与滑觉传感器的反馈信息综合得到的。数字量经过 PWM 变换和无源滤波得到 0~5V 的直流电压。再经归一化和电流扩展驱动电机。

（四）系统功能及软件功能

1. 系统功能

假手上电自检通过后，采集肌电信号，当肌电信号变化幅度超过所设定的阈值时，说明有控制动作信号存在，此时判断肌电信号的极性，由此决定手指是张开还是闭合，根据肌电信号的大小，选择一较大的开合速度。此时采集力信号，传感器只能检测动态信号，但手指与物体接触时，会产生一个阶跃性应力，此应力会使传感器产生电荷，再经过电荷放大器放大到一定幅度，然后由模数转换器变成数字量。此时再采集滑动信号，如果有滑动信号存在，此时增加力，直到滑动信号消失为止。尽管力觉与滑动信号由同一个传感器产生，但两种信号是有区别的，触觉信号是阶跃的、单峰的，而滑动信号则是交变的，因此对采集的数字量进行软件分析是可以区分的。

2. 软件功能

系统所需的支持软件主要包括以下几个功能模块：自检及电源监控模块、多路数据采集模块、数据分析模块、数字滤波与数字重采样模块、PWM 数字控制模块等。

第三节　神经控制假肢

一、与神经系统相连的假手

人的思维活动信号发送到假肢的同时，也必定会通过神经系统传送到相应的肢体部位，指挥肢体试图做相应的动作；假肢与连接假肢的人体部位二者之间存在着作用力和反作用力，当假肢接收到脑思维活动信号进行运动时，必然将其作用力传递到连接假肢的肢体部位，促使其受到锻炼和康复。

（一）数字手

数字手（cyber hand）是世界上第一个完全与神经系统相连的假手。

2005 年的世界残疾人日，科学家为上肢截肢者带来个好消息。新出的假手可以和正常人非常完美的进行握手。该假手能通过实验室的计算机获得命令并随时与人握手问候，这是第一个可以发出自然感觉信号的假手。数字手不仅能够握得更紧，调控能力更强，还考虑了对使用者的审美要求。以前人们使用的假手都是非常低级的机械手，使用这种手后截肢者通常会产生羞愧感和自卑感。而数字手的不同之处在于，手术时将其接在截肢者的肘下，并在假手上带上几层仿生材料，这些材料完全复制了真手的各种特征，使得假手在柔韧性、适应性和灵活性方面更接近真手。这种数字手是世界上第一个完全与神经系统相连的假手。通过其中的小电极和生物仿生传感器，假手能将各种信号传递给大脑，让截肢者能感觉到假手的位置，活动以及来之周围环境的刺激。到目前为止，该工程取得了许多科研成果，已经研制出一只完整的感觉功能完全的手，该手有 5 个手指，在 6 个小发动机的作用下，可以达到 16 个自由度。每个手指都有关节，而且还有一个小发动机负责关节弯曲，进而进行自动控制。这一装置可以进行不同的抓握动作。

（二）仿生手

人的手是一个奇迹，它的功能和灵巧几乎是不可能复制的，然而全球的生物技术公司正在开发新一代手指可以灵活动作的假手，使假手可以做更精细灵巧的工作。例如一种轻型人工智能假手 Fluid hand。它的每个关节都由微型液压推动系统提供动力，通过在截肢者肢体残端肌肉中植入传感器，控制每个手指的移动和控制。独立的推动系统使得手指表现得更加自然，并使其比一般假肢更具灵活性。通过位于手指和手掌的传感器，截肢残端神经肌肉可以感觉到物体，并根据实际情况来控制握力大小。新假肢的功能远远超过了早期版本。它使用的技术为脑机接口，来自大脑的信号通过传感器传输到假肢。另一项技术突破来自芝加哥康复研究所，神经外科手术移植技术。它能够将一名截肢病人控制手臂和手的神经从肩部移植到上胸部。这些改道的神经通过胸部完好的肌肉，发送信号给传感器，以更好地控制和使用人工智能假手。

机器人专家已经开发出带有 5 根灵巧手指的假肢，佩戴这些假肢的患者能够完成抛球这样的动作。但是对于那些还残留部分手掌的患者来说，他们能使用的只有那些粗糖的装了弹簧的假手指。现在，Touch Bionics 公司为那些失去了一根或者几根手指的人提供了功能完备的人造手指——ProDigits。这种产品最大的突破在于体积的小型化。绝大多数假肢产品都将电子设备和电池装在手掌部位，但是那些只失去了几根手指的人手掌依然存在。针对这种情况，Touch Bionics 公司的工程师重新设计了每个零件。位于接受腔中的电极能够读取肌肉脉冲，进而控制手指。自适应程序让使用者能逐渐掌握从握拳到打字这样由简到难的动作。

没有任何器械能够像我们的手一样灵活，然而些新兴技术能够最大限度地改变肢残人士的生活，并给那些在战争中失去四肢的士兵更多的希望。苏格兰触觉仿生科技公司于 2007 年推出了首款 i-Limb 仿生手。普通的假肢通常只有一个运动神经，只能完成一些简单动作。而 i-Limb 的 5 个手指各有 1 个运动神经，因此，能够完成更加精细的动作，完美地弥补了同类产品的不足，为使用者带来了极大方便。仿生手的手腕活动自如，5 个手指都可以自由转动，并且能独立活动。它能顺利完成开锁，举酒杯，端盘子等动作，就连输入密码，开启易拉罐这种相对精细的动作也难不倒它。

i-Limb 仿生手臂使用脉冲调制技术，可为使用者带来前所未有的舒适感。同时，该仿生手臂使用特殊内置软件，实现蓝牙连接。一款可以完成一般假肢无法做到的复杂动作的仿生手 i-Limb 在英国上市。该仿生手通过接受腔与使用者的手臂相连，接受腔中装有一个可充电电池以及一对电极。当使用者产生活动手部的想法时，大脑信号会被臂套中的电极收集起来。电极把大脑信号传递给位于仿生手手背的一部微型电脑，再由电脑向手指上的运动神经发出指令，进而让手指活动。这款仿生手由汽车引擎零件常用的轻型塑料制成，重量比真手还轻，上面覆盖着一层逼真度极高的人工皮肤，外形美观。此外，研究人员还在试验一种电活化聚合物，即人造肌肉。当对其施以电压时，它就会伸展，关掉电压时，它就会收缩。研究人员称，电压越高，其伸展程度就会越大。这一过程就是模拟人的肌肉的活动。随着纳米、生物、信息、认知（NBIC）会聚技术的发展，将来有望用这种肌肉制造假肢，其逼真度几乎可以乱真了。更高层次的仿生假手，正向动作精巧、感觉反馈和对被握物形体的适应方面发展。如1995年德国OTTO Bock公司研制成的比例控制假手、英国提出的智能型肌电假手，可以根据肌电信号的强弱控制握力和速度。美国西北大学研究出有滑觉反馈的握力感觉假手，可以握住很薄的纸张。

我国也已涉足这些领域。如，清华大学研究的以微弱电刺激为反馈信号的力感觉反馈系统，对握力感觉达到0.3公斤。上海交通大学与上海医科大学附属中山医院还应用显微外科技术进行手臂残端再造手术，并利用再造指控制电子手，从而极大提高控制的准确率。此外，多关节形体自适应假手也在研究之中。

二、思维操纵的上肢智能假肢

据国外媒体报道，美国国防部希望未来的美军部队将会更快、更强、更具战斗力。因此，美国人一直在致力于未来电子人等技术的研究。在所谓的电子人部队中，电子人拥有更加警觉而灵活的眼睛，异常敏感的皮肤以及可弯曲、可抓握的机器假肢。在机器人技术、纳米技术和神经系统科学等相关技术的帮助下，电子人部队将越来越多地出现于真正的战场之上。

在不到10年时间里，美国国防部高级研究计划署“革命性假肢”计划已经改造多款世界上最先进的假肢，比如DEKA公司研制的机械手臂。这些假肢可以通过线路对手指和脚趾的动作产生反应。下一步，这些先进的假肢将会与佩戴者的神经系统整合在一起，从而能够完全对各种神经信号做出反应。

（一）目标肌肉神经分布重建技术

随着先进的信号处理技术及高性能微处理器的出现，通过体表肌电模式识别实现多功能假肢控制的思想成为可能。该方法的理论（神经电生理）基础是运动神经信息可以通过对EMG信号解码得到。当截肢者通过想象，用他们的“幻影（phantom）”肢体做不同动作时，来自大脑的运动神经信号使残存肌肉收缩产生EMG信号；用体表电极记录EMG信号，并用模式识别方法解码EMG信号，得到截肢者想要做的肢体动作类型；根据识别的动作类型操控假肢完成相应的动作。利用这种控制方法，假肢使用者可以自然而直接的选择和完成他们想要做的各种不同肢体动作。因此，这种基于肌电模式识别的控制方案可以克服传统肌电假肢控制的不足，实现有直觉、多自由度假肢的直觉控制。

基于运动神经信息解码控制的多功能神经假肢（neuroprosthesis）。为了将基于肌电模式识别的控制方法应用到多自由度上肢假肢的控制系统中，众多学者对模式识别技术在假肢控制中的可行性、性能及相关问题进行了大量的研究，取得了一些有意义的研究成果。基于这些已有的研究成果，目前世界上许多假肢公司正积极开展高性能假肢控制系统的研究，试图将肌电模式识别控制策略“嵌入”到肌电假肢系统中，实现多自由度上肢假肢的直觉控制，开发出新一代上肢假肢。

（二）思维操纵的上肢假肢

1. 全新的神经 – 机器接口

芝加哥康复研究院（RIC）神经工程中心的托德·库伊肯博士是芝加哥康复中心的一名内科医生兼生物医学工程师，负责生物电子假臂的开发。他知道，截肢者残臂内的神经仍能传递来自大脑的信号。他也知道，假肢内的电脑可以指挥电动机发出动作。问题在于怎样建立联系。神经传导电信号，却不能直接连在计算机的数据线上。神经纤维与金属导线工作起来不搭调，而且导线接人身体处的开放伤口会成为感染入侵的高危通道。因此，他提出了一种全新的神经 - 机器接口：目标肌肉神经分布重建，又称目标肌肉神经移植术（Targeted Muscle Reinnervation，TMR）或“靶向肌肉神经支配重构”技术，成功地实现了假肢的神经控制。TMR 将截肢后残留的肢体神经通过手术联结到特定的“目标”肌肉中，从而重建因截肢所失去的肌电信息源。TMR 可以为假肢控制提供更多的肌电信息源，但多自由度假肢直觉控制的实现，TMR 需要高性能的假肢控制方法。

2. 用大脑思维控制智能假肢

美国研制意念控制的仿生假肢。美国西北大学的科学家发明了一种可以用意念操控的假肢。新型假肢的原理来自于神经学认知上的突破：截肢后残端的神经还可以在短暂的时间内保持健康。根据科学家介绍，杰西·萨利文是第一个参与试验的截肢者。八年前，他接受了手术，医生把他残臂的神经和胸部肌肉连接在一起，当他想着要移动胸部肌肉的时候，原来与手臂相连的神经会收到信号并通过计算机传输给假肢。

萨利文拥有着这个特别智能的假肢，与大多数人的假肢不同，萨利文的假肢并不是依靠电机来工作的，而是完全靠他的大脑来控制。美国西北大学科学家将萨利文截肢断口处的神经与他的胸部肌肉连接在一起，进而找到一种通过大脑思维控制假肢的方法。实现了仿生学研究的突破性进展。这种方法使得萨莉文能够完成更多的动作。当他想运动胸部肌肉时，相连的神经就会收到由计算机翻译并传输过来的信号。在此之前，神经已被连接到手臂之上。八年前，萨利文是第一批开始接受这种手术方法临床试验的截肢者。此前，科学家们发现，在截肢手术之后，被截断的肢体上的神经在相对较短的一段时间里仍然保持着健康状态。他们正是根据这一发现开始尝试新的手术方法的，如果能够将截肢上的神经移植到健康的肌肉上去，就可能大大增强用来控制肢体的大脑信号，而科学家们就是利用这些信号来成功的控制假肢的。美国西北大学科学家目前正在研究如何根据大脑活动的不同形态来控制假肢。内特·布德森是研究团队成员之一，他解释说，“如果能够将截肢上的神经移植到健康的肌肉上去，那么截肢者就可以增强用来控制肢体的大脑信号。我们就是利用那些信号来控制假肢的。”研究团队已经调整了能够翻译大脑信号的系统，可以保证截肢者控制更多的动作。随着时间的推移，大多数截肢者会失去对神经的控制，然而萨莉文的信号似乎变得更强。布德森表示，“我们现在并不是通过肌肉来翻译神经指令，而是利用计算机来翻译。”这项先进的技术有望让更多的截肢者受益。

（三）智能假肢让每根手指活动自如

人脑控制假肢（MPL），以尖端科技制成的机械手臂由22个微型马达驱动，空前精确地模拟出活生生肢体的动作，使用者凭意念就能控制假肢的细微动作，通过神经冲动来控制它。手臂中甚至装入了记录触觉的传感器。

据科学网站Singularity Hub 2010年8月3日报道，世界上首例人脑控制假肢（MPL）已经进入人体测试阶段。美国国防高级研究计划局（DARPA）已批准一项高达3450万美元的研究经费，用于资助马里兰州的约翰霍普金斯大学应用物理实验室（APL）进行智能假肢系统的研究，共同研发目前最具科技含量的假肢，将帮助研究者在接下来的2年里为5位志愿者测试神经假肢。APL的科学家和工程师们，已经开发出了两种复杂的原型系统，通过植入人体大脑的传感器来直接控制假肢的活动，甚至还能够利用传感器发出的电子脉冲将触感传回大脑皮层。经过多年的设计实验后，他们推出的最终版本——MPL，这副假肢已经能够提供22个独立运动的关节，能够操作22个强弱等级的动作，

5根手指可以独立运动，甚至在重量方面也与真实手臂相仿，而总重量大约只有9磅。而测试者脑内植入的芯片阵列还能够记录下大脑运动皮层的动作信号，促使测试者在使用中能够体验假肢技巧“熟能生巧”的过程。利用这项技术，直接植入大脑内的芯片将为那些脊椎受损的四肢瘫痪者提供非常有效的辅助治疗，极大地改善他们的生活状态。

此外，该项目组也已经开发出了植入式微型芯片，用于记录大脑的信号并对大脑特定部位产生电信号刺激。他们还将进行实验和临床试验，证明使用植入式脑神经接口的安全性以及能否有效地控制假肢。APL实验室在2010年进行一次在高位截瘫截肢者身上的试验。他们说，这些高位截瘫的患者和其他截肢者的处境不同，这些患者想做的大部分事情是完全依赖他人的。开发的假肢系统如果能取得成功，将给这些患者的生活带来极大便利。与此同时，匹兹堡和加州理工学院正在大脑植入芯片上探索创新的方式，进而更好地记录从大脑传递出的信息并发送有效的信号。而另一家合作单位——芝加哥大学的研究人员，则将侧重于开发刺激大脑触觉感知的技术。“我们的目标是使用户能够更有效地控制动作，比如可以拿起一杯咖啡并送到嘴边等等。”

重获新肢：以尖端科技制成的机械手臂由20个微型马达驱动，空前精确地模拟出活生生肢体的动作，使用者通过神经冲动来控制它。手臂中甚至装入了记录触觉的传感器。

新型仿生手依靠思维控制将成截肢者的福音。

目前，神经假肢的最大问题在于使用寿命不够长。测试过程中，研究者发现现有的测试产品只能持续使用2年。为解决这个问题，美国国防部高级研究计划局特意开发了辅助项目，用于解决神经假肢的损耗问题，希望能将神经植入部分的使用寿命提高70年。

（四）Smart hand 智能感应手

来自瑞典和意大利的科学院联合发明了一种新型的智能假肢，一种与神经相连接通过感受到触感的假肢。据说这也是世界上第一种能够给予佩戴者触感的假肢。这种假肢名叫 Smart hand，它里面安装有 40 个与神经相连接的传感器，当 Smart hand 被挤压或触碰之后，传感器就会将这些信息通过神经传递给大脑。这种传感器反馈技术目前是假肢或机械臂领域上的一重大进步。

（五）大脑直接控制假肢

将一个仿生学手臂直接植入人体的神经系统，以致大脑可以直接控制该手臂的运动，被植入者可通过机械手臂感受到压力以及热量。随着光子传感器的发展，进而完善了人体神经与假肢之间的连接，这也使得人类希望通过大脑神经来直接控制假肢的愿景，变得更加真切。光学传感器及仪器是依据光学原理进行测量的，它有许多优点，如，非接触和非破坏性测量、几乎不受干扰、高速传输以及可遥测、遥控等，主要包括一般光学计量仪器、激光干涉式、光栅、编码器以及光纤式等光学传感器及仪器。在设计上主要用来检测目标物是否出现，或者进行各种工业、汽车、电子产品和零售自动化的运动检测。当前通用的神经接口多是电子的，使用的金属元件易受到人体的排斥。而目前美国德克萨斯州的南方卫理公会大学的马克·克里斯滕森及同事们正研制可接收神经信号的光学传感器。他们使用的光学纤维和聚合物，不仅有效地避免触发人体的免疫反应，而且还不会被腐蚀。该类传感器目前正处于原型研制阶段，由于尺寸太大而暂时不适合接入人体，但是随着尺寸的不断优化，传感器将应该可以付诸应用。

目前，国内在该领域进行研究的主要有清华大学、上海交通大学、复旦大学、哈尔滨工业大学等。其中，上海交通大学和复旦大学合作展开了“神经的运动控制与控制信息源的研究其研究目的是提取神经信息，利用神经信息来控制电子假手。七个自由度假手模拟装置已设计完成，神经信息的提取正在进行动物试验，信息的整合与控制电路的设计进展顺利。

第五章 智能轮椅

随着社会的发展、人类文明程度的提高、人口的增长和医疗技术的进步，社会老龄化问题已成为很多国家不得不认真对待的重要问题之一。变老是自然规律，谁都无法逃避，但即便如此，人们仍然可以借助科技为老年生活带来方便和惬意，残障人尤其是老年人愈来愈需要运用现代高新技术来改善他们的生活质量和生活自由度。智能轮椅就是能够帮助老年人独立地生活，节省家庭护理费用，减轻社会负担的高科技辅具。智能轮椅（i wheelchair）作为机器人技术的一种应用平台，在轮椅里占有重要的地位。

第一节 智能轮椅概述

因为各种交通事故、天灾人祸和种种疾病，每年均有成千上万的人丧失一种或多种能力（如行走、移动能力等）。因此，对用于帮助残障人行走的智能轮椅的研究已逐步成为热点。我们的任务是要找到所需的高级技术，让残障人获得必要的活动性，从而独立的生活，改善他们目前的生活质量。

一、智能轮椅的定义

（一）轮椅

为了给残障人士提供性能优越的代步工具，帮助他们提升行动自由度，重新融入社会，目前美国、德国、日本、法国、加拿大、西班牙及中国等许多国家对智能轮椅进行了研究。

轮椅是用来提高个人移动能力的最常用的辅助移动装置之一，随着社会文明的进步与发展，轮椅已从单纯的肢体残障人的代步工具发展成为残障人进行身体锻炼、自理生活、参与社会的手段，在使他们回归社会方面发挥了重要作用。轮椅给残障人提供了移动能力，确保了更好的健康状态和生活质量，并帮助他们在自己的社区里过上一种积极而充实的生活。轮椅是能够更多的帮助残障人享受人类权利和尊严，成为社区大家庭中的一分子的前提。对许多残障人而言，一个设计优良且安装合适的轮椅是他们参与和共享这个社会的第一步。进入新世纪，轮椅作为一种重要的康复工具，成为辅具康复中应用最广泛的辅助器具之一。残障人对独立生活和回归社会的渴望，促使轮椅的性能和质量不断地完善和提高，一些先进的电动轮椅已发展成为高科技产品。

（二）智能轮椅的兴起

1. 智能轮椅

智能轮椅将智能机器人技术应用于电动轮椅，融合多个领域的研究，包括机器视觉、机器人导航和定位、模式识别、多传感器融合及用户接口等，涉及机械、控制、传感器、人工智能等技术，也称智能轮椅式移动机器人。从某种程度上说，智能轮椅就是基于轮椅的服务机器人。

智能轮椅作为一种服务机器人，具有自主导航、避障、人机对话以及提供特种服务等多种功能，可以帮助残障人获得生活自理能力和工作能力，融入社会。智能轮椅通常是在一台标准电动轮椅的基础上增加一台电脑和一些传感器，或者在一个移动机器人的基础上增加一个座椅进行构建。智能轮椅主要有口令识别与语音合成、机器人自定位、动态随机避障、多传感器信息融合、实时自适应导航控制等特征。

智能轮椅和传统轮椅相比，多了“大脑”“眼睛”和“耳朵”，它们分别是计算机控制系统，摄像头和激光探测器，还有麦克风，促使轮椅变成了高度自动化的智能轮椅式移动机器人。适用于截瘫患者和下肢强直病人使用的具有不同控制方式的智能型室内助动系统等。

2. 轮椅机器人

轮椅机器人（Wheel Chair Robot）是一个研究平台，用来开发为残障人提供日常生活活动的机器人，并且用来把诸如视觉伺服、软机器人臂、眼 - 鼠标、基于 EMG 的机器人控制和让残障人很容易的控制机器人装置的视觉服装等集成起来。其中，轮椅机器人面向目标的设计是一种在服务机器人的功能上满足用户需求的新方法。通过现场交流和观察对残障人的需求进行了调查并且把需求转换为 12 项基本任务，例如，吃饭、喝水、剃须、洗脸、捡起物体、开关电器等。除了面向目标的设计方法之外，在核心技术开发方面还取得了一些主要成就，例如，用来把软件和控制模块集成在一起以及控制机器人系统完成所需任务的机器人软硬件体系结构、用来保障人身安全的被动与主动柔顺软机器人臂、使用 EMG 信号的机器人比例控制、使用远距离麦克风的声音探测与识别等。

目前，在服务机器人领域能够提供优异的代步功能的智能轮椅，用于弱视者的导航机器人，帮助老人起居和行走的步行机器人，用于增强肢体功能的机器人系统等。其中智能轮椅的研究最为丰富，例如，德国乌尔姆大学研制的 MAID、韩国的 KARES、美国麻省理工的 Wheekley、日本的全向轮椅 OWM、中国科学院的自动导航智能轮椅等。

3. 智能轮椅的主要组成部分和功能

智能轮椅一般由以下三个部分组成：①环境感知和导航系统；②运动控制和能源系统；③人机接口。

轮椅整个控制是一循环过程。

二、智能轮椅改善残障人生活质量

（一）智能轮椅将有益于当今社会

虽然传统的轮椅在残障人（包括老年人、残疾人和伤病人）中间得到广泛的使用，但是它们的功能和灵活性却有所限制，因此使用者经常会需要亲属或护理人员的帮助，这样一来就出现了不适应性，因为亲属的参与越来越困难，而雇请护理人员的费用也很高。世界上有数千万人离不开轮椅，但却很少有轮椅符合那些身体残障人士的需求。随着社会的发展和人类文明程度的提高，人们尤其是身有残障的社会成员愈来愈需要运用现代高新技术来改善他们的生活质量和生活自由度。另一方面，由于各种交通事故，天灾人祸和种种疾病，每年均有成千上万的人丧失一种或多种能力（如行走、动手能力等）。目前的技术发展和普适计算技术已经达到了这样一种水平，即人们可以设想一种解决方案，使它能够让残障人具有必要的活动性，可以在远程提供的监视和服务下单独待在家里或是出门。当前出售的轮椅在功能上受到很大限制，而且不能完全满足残障人使用者的需要，因为他们自身的活动性受到了限制，所以他们的自理性和独立性就受到了严重的影响。而自动技术如今正在经历一次巨大的变革，因为低成本的高速计算机以及微型化的感应器已投入使用。

（二）智能轮椅能够极大的改善使用者的生活质量

高性能低成本的轮椅能够极大的改善残障人使用者的生活质量。中英两国的工程师最近设计出一种不同寻常的自动轮椅，进而让使用它们的残障人具有必要的活动性，能够独立生活。这种新型的超级轮椅拥有用户友好型人机接口，具备提供导向的能力，从而避免了碰撞，又能对行进路线进行设定。它还配备了新的视觉系统和无线通信系统，让护理人员或是家属能够在必要的时候监视轮椅的使用者，并与之进行远距离交流。这个项目由英格兰埃塞克斯大学计算机科学与电子工程学院教授胡豁生领导，旨在探索并开发高级技术，从而制造出高性能、低成本的自动轮椅，改善众多使用者的生活质量。

（三）让不同残障程度人群都有办法操控轮椅

很多人都知道著名物理学家霍金。他患肌肉萎缩症，几乎全身都不能动，既不能说话，也不能做手势。但凭借一辆智能轮椅，霍金仍能做很多事。他用两根其实没有多大力气的手指头操作电动轮椅“行走”，他眼睛及脸部肌肉的变化会通过传感器输入到专门软件，经处理后转换为文字信号，自动显示在屏幕上，并合成语音发声。他还能通电话，使用遥控器控制电视、录像机，听音乐，锁门、开关灯以及写下一个个艰深的方程式。

针对不同残障人群，研究者们开发了多种智能轮椅人机接口。对于那些残障程度较轻、肢体能动性较高且意识较好的人群，可以采用操纵杆控制、按键控制、方向盘控制、触摸屏控制、菜单控制等方式。而对于残障程度较高、肢体能动性较低的人群，研究者也可以给他们提供语音控制、头部控制、手势控制、舌头动作控制，甚至肌电信号控制和大脑意念信号控制等办法。

此外，针对残障程度较重的使用者，部分轮椅上采用了轻型机械臂，帮助完成捡拾物品、开门、倒水等活动。有的智能轮椅能够利用两对驱动轮的交替旋转实现攀爬楼梯的目的；还有轮椅两侧加装了机械腿，通过机械腿的支撑作用攀爬楼梯。

三、国内外智能轮椅发展状况

（一）智能轮椅的国内外研究现状

尽管许多工业移动机器人的技术有了很大发展，然而要将它们用于智能轮椅却并不是一件直接而简单的事情，这是因为应用对象有了根本的变化，运行环境也往往不是那么规整和有序。最根本的不同在于在智能移动轮椅的研究中，人应是考虑一切问题的中心，也应成为整个智能移动系统的一部分。

国外最早的相关研究开始于20世纪80年代，经过多年的开发，世界各国的研究者相继开发了多种智能轮椅平台和轮椅产品。自1986年英国开始研制第一辆智能轮椅来，许多国家投入较多资金研究智能轮椅。如，美国麻省理工学院WHEELESLEY项目、法国VAHM项目、德国乌尔姆大学MAID（老年人及残疾人助动器）项目、Bremen Autonomous Wheelchair项目、西班牙SIAMO项目、加拿大AAI公司TAO项目、欧盟TIDE项目、KISS学院TINMAN项目、“台湾”中正大学电机系LUOSON项目、我国863智能机器人智能轮椅项目。

由于各个实验室的目标及研究方法不尽相同，每种轮椅解决的问题及达到的能力不同。这些课题尽管侧重点有所不同，但要解决的主要问题却是相同的，即移动轮椅的安全导航。采用的方法基本上均是依靠超声波和红外测距，个别也采用了口令控制。超声波和红外导航的主要不足在于可探测范围往往有限。视觉导航可以克服此项不足。如前所述，在智能轮椅中，轮椅的使用者应是整个系统的中心和积极的组成部分。对使用者来说，轮椅式移动机器人应具有与人交互的功能。这种交互功能可以很直观地通过人机语音对话来实现尽管个别现有的轮椅可用简单的口令来控制，但真正具有上述交互功能的移动机器人和轮椅尚不多见。

最早的相关研究开始于1986年，轮椅通过视觉进行导航协助。之后IBM T. J. Watson Research Center的Connell和Viola将座椅放在一个移动机器人平台上，利用操纵杆、超声和红外传感器实现了机器人的行走和避障等导航功能。

Jaffe等负责的smart wheelchair项目利用两个超声波传感器测定人的头部运动位置，并以此实现了利用头部姿势控制轮椅的运动。经过20多年的开发，世界各国的研究者相继开发了多种智能轮椅平台，包括美国麻省理工学院的Wheelesley，密西根大学的NavChair，匹兹堡大学的Haphaestus，SWCS（Smart Wheelchair Component System），加拿大的TA0项目，西班牙的SIAM0，法国的VAHM，德国乌尔姆大学的MAid，不来梅大学的Rolland，FRI EDNS Ⅰ，Ⅱ系列，希腊的SENARIO等。我国开展智能轮椅的研究较晚，但是也根据自己的技术优势和特点，开发出了有特色的智能轮椅平台，包括中科院自动化所的多模态交互智能轮椅、嵌入式智能轮椅，上海交通大学的多功能智能轮椅，中科院深圳先进技术研究院基于头部动作的智能轮椅等等。

首先，在控制系统结构方面，目前多数智能轮椅平台上采用的是主从式控制方式，上位机负责系统的整体控制，包括：各功能子模块的协调、任务规划、系统管理以及人机交互等，同时完成运动控制量的计算、送到下位机，以完成对轮椅的运动控制。该种控制模式对硬件的要求较为简单，系统较容易构建，是系统验证期所采用的典型结构。目前上位机多采用PC机，由于信息的集中处理使得上位机的信息处理量大，负担很重，实时性较差，无法满足实际使用的需要。随着嵌入式技术的飞速发展，采用嵌入式控制系统构建智能轮椅平台逐渐引起研究者们的注意，中科院自动化所研制的嵌入式智能轮椅系统在该方面进行了尝试，系统采用ARM+DSP+FPGA的方式来分别构建智能轮椅的中央控制系统、传感器系统、视觉系统和运动控制系统，整个控制系统运行稳定，具有实时性强、功耗低、续航时间长的特点，向智能轮椅的产业化方向研究迈进了一大步。

其次，在控制模式方面，智能轮椅上采用如下模式：自动模式、半自动模式、手动模式。在自动模式下，由使用者通过人机交互界面设定目标，智能轮椅通过自身获得的环境信息自主完成到目标点的路径规划和跟踪，比如到卧室、客厅等，该模式主要针对控制轮椅能力较弱的老年人和残疾人；在半自动模式下，则是通过使用者和轮椅之间的协作控制来达到安全导航的目的，该模式下以使用者控制为主，轮椅控制系统主要负责控制过程中的局部规划和安全检测，比如，轮椅行进过程中的自主避障，在门、走廊等狭窄区域，根据使用者的操纵指令进行局部路径规划，帮助使用者完成操纵意图，同时避免危险发生等等；在手动模式下，则是由使用者通过操纵杆实现对轮椅的完全控制，相当于一台普通的电动轮椅。

最后，在人机接口方面，针对不同残障人群，研究者们开发了多种智能轮椅人机接口。根据控制方式的不同，可以分为设定型人机接口和自然型人机接口两种，其中设定型人机接口适用于那些残障程度较轻，肢体能动性较高而且意识较好的人群，包括操纵杆控制、按键控制、方向盘控制、触摸屏控制、菜单控制等。而自然型人机接口的使用人群是那些残障程度较高，肢体能动性较低的人群，包括语音控制、呼吸控制、头部控制、手势控制、生物信号控制等方式。自然型人机接口由于交互中存在的无意识性使得控制动作与非控制动作难以区分，因此，需要采用合理的方式将两者加以区分，以免引起误操作而导致轮椅失控。通常智能轮椅上会根据使用者残障程度的不同安装有多种人机接口，从而能够与使用者实现各种途径的交互，提供更加安全的运动控制。

此外，还有人对智能轮椅的攀爬楼梯的功能进行了研究。目前较为典型的是由Dean Kaman发明的iBot，该轮椅能够利用两对驱动轮的交替旋转实现攀爬楼梯的目的。Pnxis

Wellman 等人则采用在轮椅两侧加装机械腿的方式，通过机械腿的支撑作用实现轮椅攀爬楼梯的目的。该方式对机械腿的机械结构要求较高，同时存在攀爬过程中机械腿协调一致的问题。清华正在按照 IBOT 的思路设计新的样机，设计具有 iBOT 轮椅基本功能（没有金鸡独立功能）、体积小、重量轻的轮式爬楼梯轮椅（履带式对楼梯有要求且对楼梯有损害），设计的目标是中等价位的，售价在 10000 元之内的。

（二）国外智能轮椅研究成果

初期的研究，赋予轮椅的功能通常都是低级控制，如简单的运动、速度控制及避障等。随着机器人控制技术的发展，移动机器人大量技术用于轮椅，智能轮椅在更现实的基础上，有好的交互性、适应性、自主性。

1. 法国

1989 年法国开始研究 VAHM 项目，第一阶段的智能轮椅由轮椅、PC486、超声波传感器、人机界面和一个可匹配用户身体能力转换的图形屏幕组成，设置为手动、半自动、自动三种模式，手动时轮椅执行用户具体指令和行动任务；自动状态用户只需选定目标，轮椅控制整个系统，此模式需要高度的可靠性；半自动模式下用户与轮椅分享控制。为了更好适应用户需求，研究者在康复中心进行了一系列调查，得出结论：系统必须是多功能的，不仅应适应残障人士的生理和认知能力，也应适应环境的结构和形态。在此基础上，经改进研制出第二代产品，相对于第一代产品，其功能更丰富，面向用户范围更广，性价比更好，改良了大量控制。

2. 西班牙

SIAMO 始于 1996 年，由 ONCE 基金会资助，目标是根据用户的残障程度及特殊需求建造多功能系统。为达到要求，特别研究了系统的模块化和灵活性，设计了分布式构架，也着重开发了人机界面，使用户更易于控制轮椅。项目第一个成果是一个轮椅原型，其中电子系统完全由 AL-CALA 大学电子系开发，包括运动和驾驶控制（低级控制）、基于语音的人机界面、操纵杆、由超声波和红外传感器组成的感知系统（高级控制），轮椅可以探测障碍及突发不平地带。随着项目的发展，整个系统包括一个完整的环境感知及综合子系统、一个高级决策导航与控制子系统和人机界面三个部分，人机界面有五种方式：呼吸驱动、用户独有语音识别、头部运动、眼电法及智能操作杆，极大增加了用户与轮椅交互的方式，使轮椅的功能更为丰富，而模块化确保了将来产品商业化更为容易。

3. 德国

德国乌尔姆大学在一个商业轮椅基础上研制了轮椅机器人 MAID，在乌尔姆市中心车站的客流高峰期及 1998 年汉诺威工业商品博览会的展览大厅环境中进行了实地现场表演。该轮椅机器人在公共场所拥挤有大量乘客的环境中，进行了超过 36 小时的考验，能够自动识别和判断出行驶的前方是否有行人挡路，或是否可能出现行驶不通的情况，自动采取绕行动作，它甚至还能够提醒挡路的行人让开道路。根据航行的环境不同，机器运行模式分为：NAN（狭窄区域航行）和 WAN（宽区域航行），极大增加了航行准确率。

4. 美国

美国麻省理工学院智能实验室研制的智能轮椅为半自主式机器人轮椅，配备有计算机智能控制和传感器，还装有一个 Macintosh 笔记本电脑用于人 - 机界面交互。系统有两种级别的控制：高级方向指令和低级计算机控制路线，用户拥有最高控制级别。系统由两部分组成，智能轮椅系统提供低级控制、避障和保证正确的运动方向；用户和轮椅之间的人 - 机界面提供高级控制。该智能轮椅允许用户通过三种方式来进行控制：菜单、操纵杆和用户界面。菜单模式下，轮椅的操作类似一般的电动轮椅。在操纵杆模式下，用户通过操纵杆发出方向命令来避障。用户界面模式下，用户和机器之间仅需通过用户眼睛运动来控制轮椅，即用“鹰眼系统”来进行驱动该轮椅。该产品在国际康复联合会的智能轮椅展览中夺得第一，而且是唯一不需要人来指导即可穿过门口的机器人。

美国费城 Pennsylvania 大学的 P. Wellman 等人设计的智能轮椅，在一个移动的车辆上包括了两个可以作为手和臂工作的机械手，减轻了残障人的工作负担，并且具有避障功能。

美国据美国《大众科学》网站 2008 年 4 月 13 日报道，美国华盛顿天主教大学的一个研究团队研制一种新型的智能轮椅，不仅能让老年人的生活更加方便自如，还可以让他们更安全。这款新型的智能轮椅通过操纵杆（即类似电脑游戏的手柄的一种控制器）和语音命令进行操作，同时配备人工智能识别装置，可对每个命令进行筛选并确认其安全性。自动轮椅系统可对施令者的指令予以纠错，这一点在某些情形下特别重要。如，当某个身体不便的人在障碍物或楼梯井之类的危险地点用语音命令来引导自己的轮椅时，轮椅智能装置能立即评测出其是否具有危险性，进而确保乘坐者不会无意中撞到什么东西或把轮椅引向不平的地面。智能轮椅可对每个命令进行筛选并确认其安全性。该团队同时也在试验一款有记忆道路功能的声控轮椅。乘坐者不仅可以对声控轮椅发出“向左”“停止”等方向性命令，还可以在轮椅“熟悉”的地区对其发出“到自动贩卖机去”或“回家”等更加智能化的命令。发完命令后，乘坐者就可以轻松的任由轮椅自行选择去往目的地的路线。

5. 日本 RODEM 智能轮椅

人口老龄化是日本社会现象，很多智能机器设备都是针对那些行动不方便的人，而且智能机器已经在日本达到一定的级别了，最新的智能轮椅，名叫 RODEM，是由日本 Veda 国际机器人研发中心（Veda Intemational Robot Research and Development Centre）研发的，参与研制的还包括了 Tmsuk 机器人制造公司。它可以直接从后部进入，方便上下，可以节约护理员的时间而自行坐入，同时该设备还能充当通用行驶工具，其内置 GPS 系统，支持障碍物自动回避控制功能和自动倾斜纠正功能，并且支持“自主导航功能”，具备语音识别等多种智能科技，时速 6 公里每小时。

日本东京大学和丰田汽车公司等机构联合研制了两款供单人乘坐的轮椅机器人，其中供室外用的轮椅机器人能在道路有落差的情况下平稳行驶，供室内用的轮椅机器人仅靠乘坐者身体重心的移动就能够简单操作。室外款轮椅机器人高 1.1 米、宽 0.7 米、重 150 公斤，外观像加装了轮子的单人沙发。这款轮椅机器人安装有单手就可简单操作的操控杆，遇到道路左右倾斜或有 4 厘米以内落差的情况，机器人能通过同时调控轮子和座椅部分的驱动马达实现平稳行驶，不会给乘坐者带来不适。室内款机器人高 1.3 米、宽 0.66 米、重 45 公斤，座椅和踏板内共安装有 464 个传感器，能追踪乘坐者身体重心移动的方向，机器人凭此判断乘坐者的行驶意图。按照这一设计，想要机器人向右行驶，无须动手操作，只要使身体稍稍右倾，机器人便“心领神会”。机器人的行驶速度大致等同于步行速度，如果，乘坐者的脚离开踏板伸出去，机器人马上就会停止行驶。此外，这款轮椅机器人靠背上方有两台照相机，起到眼睛的作用。在无人乘坐时，如果有人朝机器人招手，机器人分析照相机拍摄到的图像，判断“有人叫”，便会立即计算那个人所处的方向和距离，然后向此人靠近。

6. 韩国智能轮椅的研究

韩国利用实时操作系统进行控制，采用各种各样的传感器方法和传感器融合来识别环境，对机器人移动系统、避障系统、半自动导航系统、自动电池充电和物体别系统统一控制。

SICK 2D 激光测距仪，通过 RS232 与主机相连，在传感器平面具有一个倾角方便获取 3D 环境数据，两个增量式编码器，利用倾角器测量激光测距仪的倾角。

7. 用 iPhone 控制轮椅

iPhone 除了能遥控车子还能控制床。据悉 Dynamic Controls 开发了一种新系统，可让轮椅通过蓝牙连接 iPhone 和 iPodtouch。同时轮椅上还提供了一个可调节 iPhone 支架和充电器。除了通过 iPhone 和 iPodtouch 享受音乐和其他应用功能如指南针、地图之外，轮椅用户还能坐在轮椅上通过软件实现其他功能控制，并实时显示轮椅信息，包括速度、方向，甚至还具有诊断功能，可判断系统是否出现问题。

8. 以色列鼻息驱动轮椅

鼻子除了呼吸，还能做什么？告诉乘坐者，还能控制轮椅。以色列的科学家设计出一种全新的“智能”轮椅，它能用鼻子的呼吸来控制，这对手脚不便的患者来说，提供了方便。以色列科学家发明新装置，可帮助四肢瘫痪者控制轮椅。据美国《洛杉矶时报》报道，以色列科学家称，他们发明的一种新装置可以帮助四肢瘫痪等重度残疾人依靠自己的鼻息控制轮椅，甚至在电脑上写字。设计这种装置的原理是：即使是四肢瘫痪的病人仍然有依靠软腭控制鼻息的能力。这一发明尤其对闭锁综合症患者有帮助，尽管他们除了眨眼等动作外基本无法实现其他动作，也无法跟人交流。而对于其他残障人，除了用鼻息控制这种装置，还可以选择用舌头来控制。

用鼻子控制轮椅的原理并不复杂，就是在使用者的鼻子中安装一个能够感应鼻息的小软管，再将小软管与一个气压传感器相连。气压传感器会把使用者不同的鼻息指令转换成相应的电子信号指令，发送给予轮椅相连的电脑，最终，由电脑程序驱动轮椅执行指令。

比如根据电脑程序的设计：两次短促吸气可以让轮椅前进；两次短促呼气会让轮椅后退；一次呼气会让轮椅左转，一次吸气则会让轮椅右转，使用者就可以随心所欲的驾驭轮椅了。由于这种鼻息的力度肯定与正常的呼吸不一样，因此正常的呼吸不会受到影响。比如，患者想要控制一台轮椅，可以用两次短促吸气来示意前进，两次短促呼气来示意后退。先吸气再呼气表示向左，反之向右。按照同样的道理，他们也可以用来控制电脑上的光标来写字。以色列科学家们还让 96 名身体健康者体验了用这种装置来控制电脑光标，这种方法与使用手柄或鼠标控制光标一样简便。

（三）轮椅式站立 / 移动辅具

轮椅式站立 / 移动辅具是针对普通坐式轮椅容易致使患者由于长期保持坐姿而造成肌肉萎缩、坏死、关节退化等弊病，而在其上附加站立功能的智能型站立 / 移动辅具。目前市场上的轮椅式站立 / 移动辅具主要是在普通轮椅或者电动轮椅功能的基础上，通过附加相关机械机构和电动控制增加患者的体位变换功能。“多功能健身康复轮椅”“站立型康复轮椅”“多功能电动轮椅”和台湾尼塔公司的站立式轮椅等均属于该类智能型站立 / 移动辅具技术。

由于此类轮椅式站立 / 移动辅具的尺寸通常难以满足使用者卧床休息的需要，因此，一些研究人员提出了利用床架对轮椅本体进行扩展的方法。如，日本松下电器产业公司推出的 Robotic Bed 的轮椅本体可以根据使用者的命令进入或移出床架，并由轮椅本体和床架共同组成床铺。

（四）服务残障人的中国智能轮椅

1. 概况

我国智能轮椅研究起步较晚，在机构的复杂性和灵活性上和国外相比有一定差距，但也根据自身特色研制出技术指标接近国外先进水平的智能轮椅平台，包括中科院自动化所的多模态交互智能轮椅、采用嵌入式控制系统智能轮椅，上海交通大学的多功能智能轮椅，中科院深圳先进技术研究院基于头部动作的智能轮椅等。

中国科学院自动化研究所研制了一种具有视觉和口令导航功能并能与人进行语音交互的智能轮椅，曾在“863”计划十五周年成就展展馆的人群中穿梭自如。此项研究成果于 2000 年 11 月通过“863”智能机器人主题专家组的鉴定，并研制出我国第一台多模态交互式智能轮椅样机。此项研究高度重视了智能轮椅人机控制界面的设计，在轮椅的设计中综合运用模式识别实验室有关图像处理、计算机视觉和语音识别等最新成果，使人能通过语音控制轮椅自由行走，轮椅可以实现简单的人机对话功能。研制开发出基于 DSP 的多轴伺服控制驱动单元、基于 DSP 的多传感器信息处理单元、基于 FPGA 和 DSP 的高性能机器人视觉系统、基于 ARM9 的嵌入式计算机系统、基于 DSP 的嵌入式智能轮椅控制器等多种关键单元部件，并在此基础上研制开发了 30 余台智能机器人和多台智能轮椅样机，其中多台机器人和智能轮椅在国内外得到应用。研制的一种低成本智能轮椅在残奥会期间举行的国际福祉展览会上展出。这种新型智能轮椅上安装有传感器，具有良好的智能控制功能。当轮椅遇到障碍物时，可以自动减速，避免碰撞；当轮椅前方的地面出现坑洼时，可以自动停止运动，防止跌落；使用者能够用遥控装置将不在身边的轮椅“驱动”到自己的身旁；不能直接操作轮椅的使用者也可以通过佩戴特殊的手套或项圈，通过手势或头部的运动对轮椅进行控制等。中科院自动化所正在研制的另外一种智能轮椅具有更多的功能和更高的性能。例如，在无线局域网所覆盖的范围内，轮椅可以在室内利用自身的视觉系统进行“自主导航”，自己移动到使用者指定的位置而不需要使用者自己对轮椅进行直接控制；使用者可以通过安装在轮椅上的机械手臂，实现开门、端水、从地上捡物品等原来根本不可能完成的任务；医生或家人可以实时监控乘坐者的情况，并可以通过遥控操作方式控制轮椅的移动等。目前，我国已经完全掌握了智能轮椅控制系统和传感器系统的各种关键技术。

上海交通大学已开发成功一种声控轮椅，主要是为四肢全部丧失功能的残障者设计的，使用者只需发出“开”“前”“后”“左”“右”“快”“慢”“停”等指令，轮椅可在1.2s 内识别指令的意思并完成指令给出的动作。

我国“十一五”规划重点支持的服务机器人项目——助老助残机器人系统，国家 863 计划智能轮椅课题已开发出中端轮椅实现了差速驱动控制、平滑起停、稳定行驶、实时避障停车功能；高端轮椅座位可以自由升降，靠背自由倾斜，床与轮椅实现了对接，方便乘坐人员自理上下床; 自动避障绕行，跌落、倾翻自动报警，还可对使用者健康状态实时检测。

北京邮电大学信息无障碍工程研发中心的智能轮椅从功能来看，能够实现头势、手势、音频信号的人机交互。乘坐者比试一下之前录入系统的手势，轮椅就会按乘坐者指示的方向前行、后退、转弯等。而乘坐者用口说出指示，轮椅也会照着办，这些指示包括“走、停、左转、右转、后退”等。而面部表情的人机交互，是运用摄像头采集图像、电脑处理图像的原理，识别出各个动作图像对应的控制指令，完成任务。这台智能轮椅的功能还有很多，包括采用无线网络技术实现用户与医生或者家庭成员间的远程交互，实现了对用户自身健康状况，用户所处环境状况的实施监控和报警。同时还有先进的导航控制：采用了多传感器信息融合算法、地图构建、路径规划、避障、自定位以及轨迹生成等新方法，实现智能轮椅的自动避障、动态路径规划与同步定位。轮椅不需专人帮助使用，即使重度肢体残疾或听力言语障碍人，也能自己独立完成。然而在轮椅内，装有两块蓄电池，可走 20 公里，最高速度每小时可达 3.6 公里。目前已经实现了面部表情的人机交互，即面部表情、脑波、肌电或腕势的人机交互。脑波人机交互，就是操作者戴上能收集脑波的头盔，头盔将采集到的脑波信号转换成数字信号传递给智能轮椅，轮椅再根据自身设定的程序执行相应的动作。

国内还研制开发的一种床椅一体化智能助动系统的本体不但可以实现坐、卧、站三种体位的平滑变换，而且可以作为智能轮椅使用；此外，该系统的本体还可以利用视觉伺服技术实现与床体的自主对接，进而极大减轻使用者和护理人员的操作负担。

2. 我国发展智能轮椅产品的瓶颈

我国发展智能轮椅产品的瓶颈主要在以下几点。

一是企业技术创新能力和综合实力薄弱，没有核心技术，只能采用系统集成的方式进行生产，难以推出具有市场竞争力的产品和形成规模优势。

二是科研单位虽然具有一定的技术实力，然而缺乏明确的市场目标和必要的经费支持，即使开发出产品样机，也缺乏进行产品化的能力和市场运作能力。

三是缺乏具有实力、愿意进行长期投入和市场运作的企业。

第二节　智能轮椅的关键技术和核心技术

在智能轮椅的研究中人们致力于开发两种水平的复杂系统。一个是控制系统，用来达到良好的控制稳定性、快速成像处理能力和自动导向性能。另外一个是基于普适计算技术的系统，用来执行交互式用户界面，如声音控制、表情和动作探测以及与亲属或护理人员进行远距离无线通信。一个主要的挑战就是要使智能轮椅具有成本效益，易于使用而且能够满足残障人以及他们的护理人员的需求。

一、智能轮椅关键技术

智能轮椅作为服务机器人的一种，涉及机器人技术、信息技术等多个领域的技术，其应用大量融合了机器人研究领域的多种技术，包括运动控制、机器视觉、模式识别、多传感器信息融合以及人机交互等，其中涉及的关键技术有导航系统、控制和能源系统、人机接口。

（一）智能轮椅的关键技术研究

智能轮椅关键技术是安全导航问题。采用的基本方法是靠超声波和红外测距，个别也采用了口令控制。超声波和红外导航的主要不足在于可探测范围有限，视觉导航可以克服这方面的不足。在智能轮椅中，轮椅的使用者应是整个系统的中心和积极的组成部分。对使用者来说，智能轮椅应具有与人交互的功能。这种交互功能可以很直观的通过人机语音对话来实现。尽管个别现有的轮椅可用简单的口令来控制，然而真正具有交互功能的移动机器人和轮椅尚不多见。

1. 导航

智能轮椅的导航技术主要来源于机器人技术，但由于智能轮椅是以人为中心的控制系统，其导航又具有特殊性。除了需要解决导航过程中轮椅运行空间的环境模型建立，轮椅的定位以及路径规划等问题，还更应关注导航中的安全性以及与使用者的交互性。

智能轮椅关键技术是安全导航问题。每个人的生活习惯不一样，因此要研制出一种适合大家且智商、动作很全面的智能轮椅。移动机器人技术大量应用于智能轮椅，整个轮椅系统以人为中心，每个人的生活习惯不一样，整个轮椅系统是以人为中心，要解决的中心问题是轮椅的安全导航。所谓导航即是指移动机器人按照预先给定的任务命令，根据已知的地图信息做出全局路径规划，并在行进过程中，不断感知周围的局部环境信息，自主地做出各种决策，并随时调整自身位姿，引导自身安全行驶，到达目标位置。导航系统要解决三个方面的问题：一是轮椅空间位置、方向、环境信息的检测；二是所获信息的分析及环境模型的建立；三是使轮椅安全移动的运动路径规划。

导航方法主要有以下几种：基于地图导航、基于航标导航、基于视觉导航、基于传感器导航或是其中一种或几种结合起来构成导航系统等。无论采用哪种方法，智能轮椅都应具有路径规划与避障、探测与定位等功能。智能轮椅自主导航主要由环境感知、自定位、运动路径规划和目标确定等几个功能模块组成。采用的基本方法是超声波和红外测距，个别也采用了口令控制。超声波和红外导航的主要不足在于可探测范围有限，视觉导航可以克服这方面的不足。

2. 智能轮椅的系统定位技术

在移动机器人的应用中，精确的位置知识是一个基本问题。自定位即指在机器人运动过程中利用自身传感器，实时确定其在工作环境中参考坐标系下的位置和姿态。智能轮椅定位也就是环境信息获取，是指在运动过程中利用自身传感器，实时确定其在工作环境中参考坐标系下相对于全局坐标的位置和姿态。

智能轮椅定位技术可以分为两大类：基于计算机视觉的定位技术和基于非计算机传感器的定位技术。常用定位方法有：GPS、光码盘、惯性陀螺、磁罗盘、路标匹配、广义路标匹配等。每种方法各有优点及局限性，在实际应用中智能轮椅实际综合采用了几种方法提高定位系统的精度和可靠性。美国已安装了超过五百万包含环境信息的节点，只要遵循同样的标准，轮椅就可利用网络节点信息来方便地进行自定位和与环境交互，但精确度离用户正常使用有一定距离，因此如何提高定位的精度和效能是将来要着重研究的问题之一。

3. 智能轮椅的信息融合技术

在未知和不确定的环境下，智能轮椅通过传感器收集数据，用一定算法对数据进行分析、融合，为导航系统提供正确的决策。为了有效地利用传感器信息，需要对其进行综合、融合处理。

所谓智能轮椅的信息融合可以广义的概述为这样的一种过程，即把来自多传感器的数据和信息，根据既定的规则分析、结合为一个全面的情报报告，并在此基础上为系统用户提供需求信息，诸如：决策、任务、航迹等在传感器信息融合中，采用多种类的传感器是很有必要的多传感器信息融合技术已经表现出单一传感器无法比拟的优越性，通过合成，可以得到比从任何单个输入数据中获得更多更可靠的信息。如何融合这些互补或冗余的传感器信息并得到更全面反映环境特征的信息方法尤为重要。从传感器得到的信息不能保证完全可靠和正确，可能会造成对实物存在的误判或对其距离的检测产生误差，这时可以采用概率法、综合多次观测法、多传感器信息融合法等进行处理，其中多传感器信息融合法的研究成为近几年的热点。近年来，人们提出许许多多传感器信息融合算法，如，人工神经网络、贝叶斯估计、数学模型、人工智能等，经过融合的信息能比较完整的反映环境特征，提高机器人导航精确度。

在研究中最为关键的部分是信息融合算法的研究，人们已经提出了多种应用于不同系统的多传感器信息融合算法，这些算法可以分为两类：随机类方法和人工智能方法。

（1）随机类方法

这类方法研究对象是随机的，在多传感器信息融合中常采用随机类方法包括很多，如：加权平均法、统计决策理论、聚类分析法、小波变换法、Bayes 推理方法、Dempster-Sharer 的证据理论、Kalman 滤波融合算法等。

（2）人工智能方法

近年来用于多传感器数据融合的计算智能方法有：模糊集合适论、专家系统、神经网络、粗集理论和支持向量机等，其中基于神经网络的多种传感器信息融合是近几年来发展的热点。神经网络具有良好的容错性、层次性、可塑性、自适应性、联想记忆和并行处理能力，将神经网络与其他方法相结合进行信息融合技术的研究，效果显著，已形成一种研究趋势，例如，小波与神经网络，Kalman 滤波与神经网络，Dempster-Shafer 的证据理论与神经网络，模糊聚类与神经网络，遗传算法与神经网络等。今后的多传感器信息融合技术主要集中在算法的改进和新算法的出现、微型传感器的研制以及多层次的信息融合等 3 个方面。

4. 智能轮椅的路径规划

路径规划是导航与控制的基础，一个功能完善的路径规划系统应该在多种约束条件下根据各种准则或判据进行规划并给出不同意义下的最优路径。

路径规划是指在障碍物环境中，为智能轮椅从起点到终点寻找一条无碰路径，并按照一定的原则进行优化，找出一条最优路径。路径规划问题包含两个方面的内容：首先是环境模型的建立；其次是路径规划算法的设计。

（1）环境模型的建立

环境建模是路径规划的前提，对于静态已知环境，已有不少成功的研究成果，其建模技术也较为成熟，对于部分已知或完全未知环境下的路径规划问题一直没有得到完善的解决，其根本原因在于对环境的分辨率与环境信息存储量的矛盾。环境建模大致有三类：网络墩图模型、栅格模型和层次结构模型。网络模型包括自由空间法、顶点图像法、广义锥法等，是对环境的高层次的描述，计算量很大，对传感器精度要求较高；栅格模型是将空间划分为大小相同的栅格，模型建立简单，然而搜索空间很大；层次结构模型是按照数据区域的一致性判别准则和空间递规分解原理对环境进行建模，采用此种模型压缩了搜索空间，且很容易用传感器的信息对模型进行更新。

（2）路径规划算法

根据轮椅对环境信息了解情况的不同，路径规划可以分为两种类型：全局路径规划和局部路径规划。其中，全局路径规划需要知道关于环境的所有消息，并产生一系列关键点作为子目标点下达给局部路径规划系统，而局部路径规划则只需要距离机器人较近的障碍物信息，在运动过程中根据传感器的信息来不断地更新其内部的环境信息，规划出一条从起点或某一子目标点到下一子目标点的优选路径，比较一些路径搜索算法，寻求更优解。进而研究对活动障碍的势态分析，给出避障策略这两个方面是机器人路径规划所要解决的主要问题。

根据对环境信息了解的完整程度，路径规划可采用不同的算法。对于全局路径规划常采用的算法有可视图法、自由空间法和栅格法等；局部路径规划常采用的方法有人工势场法、遗传算法和模糊逻辑算法等。近年来，在这些传统方法的基础上，对这些方法有了进一步的融合与扩展，如：基于遗传算法路径规划——二维路径编码问题简化为一维路径编码问题，模糊神经网络避障方法——基于实际误差函数和隶属函数法，基于激光雷达的路径规划方法——角度势场法、虚拟力场法、动态栅格法与势场法结合。

对动作规划有两种途径，一种是控制型技术，使用完全或接近完全的信息来寻找最佳路径；另一种是反应型技术，在未给出多少信息或无优先信息条件下，使用反作用的基于传感器的动作来寻找路径。在智能轮椅的路径规划中应该有阶段性、宏观性，在室内或是已有环境模型的空间使用控制型技术，然而在室外未知环境中使用反应型技术。大多数智能轮椅把导航过程分为全局路径规划和局部反应规划。智能轮椅在运动过程中对多传感器得来的信息进行融合，结合已知环境信息（如原先记忆地图和网络节点信息等）及与用户之间的通讯，再利用控制算法进行路径规划。

5. 全自主导航

智能轮椅的全自主导航主要是解决“go-to-goal”的问题。使用者通过人机界面给出目标点，由轮椅完成路径规划和路径跟踪。其导航技术主要采用自主移动机器人的相关技术。导航的方法很多，包括基于路标导航、基于地图导航、基于传感器导航和基于视觉导航等。导航系统通常是由其中一种或几种方式结合起来构成。导航系统通过各种传感器检测环境信息，建立环境模型，确定轮椅的位置和方向，然后规划出安全有效的运动路径，并自主实现路径跟踪。在运动过程中，系统需要与乘坐者进行适时交互，根据目标点的变更适时调整运动路径。

6. 半自主导航

半自主导航，也称为分享导航（shared navigation）主要是解决“where he/she wants to go”的问题，是智能轮椅导航研究中的重点。目前智能轮椅半自动导航主要关注于解决意图理解（Implicit communication）和安全避障（safe obstacle-avoidance）的问题。

意图理解是指当轮椅处于环境较为复杂的情况下，根据自身的环境探测以及乘坐者的操纵指令给出合理的行动规划，或者通过人机交互的方式来给出几种选择以提供使用者参考。不来梅大学的 Rolland 系统采用了“暗示”的方法自动地从一种模式转换到另一种模式，而不需要使用者的干预。当乘坐者的指向不是障碍物时，轮椅会试图绕过它。然而是该方法过于灵活，当稍微有些偏差时轮椅都将试图躲避障碍物，而不是按照乘坐者的想法来接近它。NavChair 上也采用了类似的方法，但是对乘坐者的变换意图考虑得较少。SENARIO 上给出的解决方案是当乘坐者操纵轮椅趋近于障碍物时，系统给出警报，并以最小的速度趋向目标；当达到警戒距离时，系统将强行停止轮椅运动，并通过人机界面提示使用者改变控制命令。

安全避障则是指在保证乘坐者操纵指令正确执行的情况下使轮椅避开障碍物，避免碰撞的发生。较为成功的避障技术是应用在 NavChair 上的 MVFH（Minimum Vector Field Histogram）方法，它是 VFH（Vector Field Histogram，应用在机器人上的快速避障方法）方法的一种变形。该方法不是简单地选取障碍物密度低于阈值的最近方向，而是考虑了控制手柄的当前位置，通过权值均衡选择一条折中路线。SENARIO 上采用了一种 AKH（Active Kinematic Histogram）方法，也是对 VFH 方法的一种改进。该方法考虑了非点移动机器人的特性，通过动态运动窗（AKW）来处理不可预测的机器人运动行为。在选择运动方向时，动态窗将给出接近于当前轮椅运动方向上一个范围内的建议方向，以使对当前运动作较小的修正。此外，AKH 方法根据机器人的形状和尺寸，以及障碍物的空间位置来决定所选方向的可行性。Rolland Ⅰ采用的避障模块则是将使用者的操纵命令作为避障方向的一个偏移值，操纵杆的方向命令决定了轮椅从哪个方向绕过障碍物。

（二）控制和能源系统

1. 控制级别

智能轮椅控制一般分为几种级别，对应不同控制子系统。其控制系统应是对外界环境高度开放的智能系统，行走时对各种道路状况做出实时感知和决策，根据局部规划的结果和当前轮椅的位置姿态和速度向机械装置发出驾驶命令，实现避障、前进等功能，并在保证乘坐者舒适度的前提下提高移动速度。因乘坐者要平滑、安全的使用轮椅，系统要有足够快的反应能力，要求处理速度快，满足实时性的要求且正确度高。故控制算法的研究特别重要，常用控制算法有最优控制算法、PID 路径跟踪算法、预瞄控制算法、模糊控制算法和神经网络控制算法。实际控制通常采用多种算法综合，以期达到最佳控制效果。控制系统硬软件均在轮椅内部完成，通常使用的都是机载电源，所以要求电源系统体积小，重量轻，连续工作时间长。智能轮椅的控制器应用了嵌入式技术和模糊控制技术，运用了先进的传感设备，使之能够感知环境信息，具有实时避障功能。

2. 控制模式因人而异

智能轮椅是以人为中心的控制系统，因此，其控制系统不是设计的自主性越高越好，而应该考虑到乘坐者的身体特点，有效补偿其不足，充分发挥其主动性。在控制模式方面，智能轮椅上普遍采用的是 3 种模式：自动模式、半自动模式和手动模式。在自动模式下，由乘坐者设定目标，智能轮椅通过自身获得的环境信息自主完成到目标点的路径规划和跟踪，比如，到卧室、客厅等。该模式主要针对控制轮椅能力较弱的残障人。半自动模式是通过乘坐者和轮椅之间的协作控制来达到安全导航的目的。以乘坐者控制为主，轮椅控制系统主要负责控制过程中的局部规划和安全检测。手动模式则是乘坐者通过操纵杆对轮椅完全控制，相当于普通的电动轮椅。

移动臀部，感应器就可做出相应的动向和速度。军用研究对科技的发展有很大的贡献，这个由 Exmovere 公司研发的新轮椅，时速达 19 公里，乘坐者只要移动臀部，感应器就可做出相应的动向和速度，有点像 Wii 或游戏手制的原理，只是全程无须用手操控。

（三）人机接口

在智能轮椅中，轮椅的乘坐者应是整个系统的中心和积极的组成部分。对乘坐者来说，智能轮椅应具有与人交互的功能。这种交互功能可以很直观的通过人机语音对话来实现。人机接口作为乘坐者和轮椅之间的交互方式，必须设计得合理，方便，易于使用，也需从技术、心理学及经济角度来选择乘坐者与机器间最佳的合作方式。机器提供其反应和自动行动能力，乘坐者提供对环境的感知和理解。通常，设计者可根据乘坐者残障程度的不同，安装多种人机接口，进而能与使用者实现多种途径的交互，提供更加安全的运动控制。

智能轮椅是以人为中心的控制系统，因此，智能轮椅的控制系统不是设计的自主性越高越好，而是应该考虑到乘坐者的身体特点，有效地补偿他 / 她的不足，充分发挥他 / 她的主动性，这就决定了智能轮椅人机接口的多样性，人机接口的设计需要乘坐者的生理特点以及在各种情况下的心理反应，以实现轮椅与乘坐者之间的和谐合作机制。

在构建系统的每个阶段中应把乘坐者作为系统不可或缺的中心部分纳入考虑，而轮椅的设计并不是使其自动化程度越高越好，应在不加重乘坐者负担的前提下充分利用其能力，故轮椅系统的自动化程度应基于乘坐者的身体和认知能力而设计，也决定了乘坐者与机器之间的交互方式应丰富多彩，已有的智能轮椅都设计了既有共性也有个性的人机接口。比较通用的有界面操作（如菜单选择、鼠标驱动等）和操作杆形式，各个系统根据自身需要也设计了语音识别、头部运动、鹰眼系统、呼吸驱动等富有特色的交互方式，一般在每个系统中都是几种共存，便于根据环境、乘坐者身体状况来选择合适的接口。下面简单介绍几种特殊的交互。

1. 鹰眼系统

波士顿大学研究了鹰眼系统用于帮助丧失语言和肌肉控制能力的人群，允许用户通过移动头部或眼睛来移动屏幕上的光标，只需凝视屏幕上某个小区域一定时间即可进行鼠标选择，相当于鼠标单击，此技术基于测量 EOG（眼电图）或眼电压。EOG 反映眼睛相对于头部的位置的微电压，进而推算出眼球和颅骨之间的相对位置。此技术的应用使全身瘫痪的残障人能够运用眼球或头部的活动控制智能轮椅。

2. 语音识别

在智能轮椅中，轮椅的乘坐者应是整个系统的中心和积极的组成部分。对乘坐者来说，智能轮椅应具有与人交互的功能。这种交互功能可以很直观的通过人机语音对话来实现。作为模式识别的一个重要部分，语音识别研究在世界各国都受到极大的重视，其最终目标是实现人与机器之间的自然语言通讯。语音识别技术包括特征提取术、模式匹配准则及模型训练技术三个方面。部分智能轮椅研究小组在系统上安装了语音识别系统，主要是用来帮助不能使用操作杆及界面选择的用户，然而由于语音识别技术还不是很成熟，又涉及经济成本的问题，智能轮椅的语音驱动功能都比较单一，只能接受一些简单的事先匹配好的语音指令，相信随着语音识别技术的发展，智能轮椅语音驱动的模块将更为成功和实用。

3. 界面设计

界面的设计是否直观友好及易操作影响到乘坐者使用的信心、效率，因此在软件的设计上需要根据人机工程学的原理，遵循习惯型原则、实用性原则、艺术性原则和直观性原则。人机界面包括显示风格和用户操作方式，理想的设计方法是通过建立乘坐者的认知模型，把人的认知、行为等因素包含到界面系统的设计中，使计算机系统主动适应人的习性和特点。

4. 人机接口方式

（1）操纵杆控制

该方式指示方向明确简单，是电动轮椅的标准配置，因此在多数智能轮椅上都仍然保留了这一人机接口。但是在乘坐者手部存在病理性颤动的情况下，采用普通操纵杆将无法正常操纵轮椅。针对这样的情况，不少研究者进一步开发了“智能”操纵杆。D. Ding 等人针对病理性手部颤动（Pathological hand tremor）的乘坐者，利用模糊逻辑的方法去除乘坐者操纵过程中的手部颤动。Angelo 通过改变操纵杆的坚硬度以阻碍乘坐者向障碍物方向控制操纵杆。

（2）按键、触摸屏、菜单控制

这些方式一般是将轮椅的方向控制分为 4 个和 8 个方向的棱键。其好处是轮椅运动方向明确、控制较精确，而缺点是不够灵活。Wheelesley，Rolland 上均采用了这些方式。

（3）语音控制

利用口令识别和语音合成技术，实现乘坐者与轮椅的语音对话以及对轮椅运动的控制。西班牙的 SIAMO，中科院自动化所的多模态交互智能轮椅，上海交通大学的智能轮椅均采用了语音交互的人机接口。但目前所使用的语音命令是离散的，只能进行简单的方向命令控制，还无法实现真正意义上的语音对话，而且在环境嘈杂的情况下语音命令的识别率往往会急剧下降。

（4）呼吸控制

乘坐者可以通过在一个压力开关上吹气以激活期望的输出从而实现对轮椅的控制。西班牙的 SIAMO 采用了这种驱动方式。通过差动气流传感器检测输入的呼吸气流的强度和方向，输出经过处理和编码后的控制命令传送到导航模块。根据传感器信号的强度控制轮椅的线速度，同时根据气流的方向控制轮椅的角速度。

（5）头部控制

头部运动是能够指示方向的一个很自然的方式，可以直接用来替代操纵杆保持相似的控制，且这种方式给那些高位脊椎损伤和运动神经疾病的患者带来独立控制的可能性。Nguyen 等人在头部安装倾斜传感器并利用无线技术实现了基于头部动作的远程轮椅运动控制。牛津大学 Tew 则研制开发了一种头部运动感知设备，该设备使用了一个四象限光感器（Photo Quadrant Sensor），根据每一象限光电流的相对比例确定头部的位置。此外，也有研究通过摄像头检测眼睛尾部与脸的边缘距离的变化来判定头部运动。

（6）手势控制

通过手势的指向来获取控制信息。乘坐者带上特定颜色的手套，控制系统通过 CCD 摄像头获得图像信息并将手部区域分隔出来，以判断乘坐者的手势，进而将手势指令转化为驱动指令，达到控制轮椅运动的目的。

（7）生物信号控制

包括通过检测肌动电流（EMG），脑动电流（EEG），眼动电流（EOG）来判断乘坐者的行使意图，并进而控制轮椅相应的运动。Inhuk Moon 等人利用探测位于颈部两侧的肩胛提肌的肌动电流捕捉使用者肩膀的动作，以控制轮椅的前进、左转、右转运动。Kazuo Tanaka 等人则通过乘坐者在思维时的脑电波变化判断其行使意图。以达到用思维控制轮椅的目的。MIT 的 Wheelesley 上使用的鹰眼系统则是通过在眼部周围放置电极来感知眼球的运动，确定人的视线，以实时地控制轮椅的角速度和线速度。

（四）整体构架

在轮椅的整个系统构建中，有许多细节问题值得关注，也是智能轮椅能否真正面向广大乘坐者的关键。如，厂家应具备为用户量身定做的能力，即要实现模块化生产；能力不同的乘坐者应使用统一的用户界面；在人机交互设计时做到分级分享控制；轮椅导航应能在不同环境中顺利转换，比如，从室内到室外无缝连接；轮椅避障的实时性，确保对活动障碍的成功躲避；能源系统供应的即时性；可选择轮椅前进速度等。智能轮椅主要有口令识别与语音合成、机器人自定位、动态随机避障、多传感器信息融合、实时自适应导航控制等功能。

要让轮椅智能化，其背后需要许多技术作支撑。其中包括人机交互技术，要让轮椅通过摄像头看懂人的手势，通过麦克风听懂人说的话。即便在有噪音的环境下，它也能听清主人的话，对信息做出正确判断。还有准确定位、精确控制技术，要力求让轮椅在较大范围内、较长距离中“记忆”各个标志物，画出地图，并迅速计算出到达每个标志物的最便捷路径。同时，智能轮椅还需要有“随机应变”的能力，在它行进过程中，如果有人走过，或是路中临时搁置了一把小凳子，它要能够灵活避让。目前，科研人员还在智能轮椅上试验用脑电波实现“心想事成”。

二、智能轮椅的核心技术

智能轮椅的核心技术是电动驱动总成、嵌入式控制器、传感器和传感器信息处理技术、电源技术。

（一）电动驱动总成

在电动轮椅电动总成的生产方面，我国目前已有多家企业具有生产技术和生产能力。如，贵州华烽电器公司一年生产电动轮椅用电动驱动总成 10 万台以上，其出口金额已达 1000 多万美元；而兰州万里航空机电公司的电动轮椅电动驱动总成的产能也在 2 万台左右。上述产品不但已经用于国内电动轮椅产品，而且被台湾以及国外电动轮椅产品广泛采用。

（二）嵌入式控制器

在嵌入式控制器研究方面，在国家“863”计划的支持下，我国已经做了大量的研究开发工作，并取得了一批可以用于智能轮椅产品的研究成果。例如：中科院自动化所一直在积极进行基于 DSP 技术的嵌入式控制器和传感器处理技术的研究，已经研制出基于 DSP 的高性能低成本嵌入式智能轮椅控制器。该控制器的成本只有国外进口控制器的 1/3，不但具有进口轮椅控制器的基本功能，而且可以根据超声传感器和红外传感器的信息对轮椅进行控制，使智能轮椅具有平稳加减速、自主避障等功能。

（三）传感器技术

传感器是智能轮椅进行环境感知的主要手段。因此，为了尽可能准确地获取环境信息，智能轮椅上都配备了多种传感器。包括内部或外部编码器、超声波传感器（SENARIO、Rolland、NavChair）、红外传感器（RobChair、Wheelesley、SIAMO）、激光测距仪（Maid）、碰撞传感器（Wheelesley）、摄像头（SIAMO、FRIEND、SENARIO）等。

智能轮椅通过多种传感器收集数据，利用信息融合算法将能够较准确的获得环境特征，为精确的导航提供可靠的依据。目前研究者们已经提出了多种信息融合算法，包括有加权平均法、贝叶斯估计、多贝叶斯方法、卡尔曼滤波、D-S 证据推理、模糊逻辑、人工神经网络等。

智能轮椅传感器的选择在定位中很重要，因此，对传感器的选择是导航系统成功与否的关键。根据定位技术的不同，传感器又可分为视觉和非视觉传感器。智能轮椅在行驶时必须不断的感知周围环境及自身状态信息，只靠一种传感器难以完成对环境的感知，因此一般装有多种传感器。目前常用的传感器有超声测距传感器、CCD 摄像机、红外传感器、激光传感器、GPS 等，由于超声避障实现方便、技术成熟、成本低，成为智能轮椅常用的定位方法。应用中采用多个超声测距传感器，用超声测距传感器探测障碍物的距离，然后判定轮椅当前所在的位置。超声波传感器由于信息处理简单、快速和低价而被广泛用来实现障碍物检测，但其探测波束角过大，方向性差，不能提供目标边界信息，因此一般采用红外传感器补偿。

在传感器和传感器信息处理技术方面，国内近年来已经有了长足的进步，具有很好的技术基础。例如，在超声传感器方面，与进口超声传感器每套需要近千元相比，目前国内已经研制开发出了平均每只成本只有 40~50 元的集成化超声传感器系统。这样的超声传感器与高性能控制器相配合，所感知的环境信息完全可以满足智能轮椅和智能传感器的需要。此外，在红外传感器、嵌入式视觉系统等其他类型的传感器方面，我国也都取得了一定成果，有了一定的工作基础。

（四）电源技术

在电源技术方面，目前普通智能轮椅与智能助行器所需要的普通铅酸电池技术已经非常成熟。例如，春兰电器公司研制开发的镍氢电池已经被成功地应用国产电动汽车和电动自行车，其产品也完全可以被应用于智能轮椅与智能助行器产品。

三、智能轮椅的发展趋势

（一）智能轮椅产业化展望

应用智能机器人技术于智能轮椅取得了一定的成效，研制出了很多面向行动不便人群的辅助行走机器人，功能多样化，基本上满足了行动不便人士要求，但也要看到智能轮椅还停留实验室或是少数定做，并没有真正产业化，因此在研究上仍有许多空间。未来的研究将会朝以下几个方向发展。

1. 智能化智能轮椅要走向实际应用

必须综合应用智能技术，优化控制算法，增强自动规划和基于传感智能，如实现自然语言控制、视觉平滑控制、恶劣环境下自如行走等。也应结合一些新科技如计算机通讯、网络等技术开发适应远程通信的需要。

2. 人性化系统

设计者应充分考虑行动不便者需求，从细微处出发，设计安全、舒适、合理的智能轮椅，如，增加轮椅可以上升的功能，以便使用者和正常人对话；选择透气性好的坐垫；安装报警装置；使轮椅操作方式尽可能简单等。

3. 模块化智能轮椅要批量生产，必须实现模块化

整个系统应由基本模块和各个功能模块构成，每个功能模块负责一种功能，用户可以根据需求选择，配置最合适的轮椅。同时模块化也能降低成本，提高性价比。随着人工智能、模式识别、图像处理、计算机技术和传感器技术的发展，智能轮椅的功能将更为完善、丰富，也将真正进入老年人和残障人士的生活。

（二）智能轮椅研究者们还须解决的问题

20年来，虽然智能轮椅研究有了很大进展，功能不断丰富，安全性和可靠性不断提升，但仍存在一定问题。

一是人机交互仍然不够方便。尽管研究人员已经开发了多种类型的人机交互接口，但一些人机接口难以准确地区分乘坐者的无意识行为与有意识行为，实用性较差，因而多数智能轮椅仍然只能通过人机接口对轮椅进行简单控制。

二是轮椅的安全保障系统不够完善。目前，多数智能轮椅平台比较重视功能的实现，而对于各种环境下危险发生的可能性以及相应的保障措施研究不够。

三是目前智能轮椅的控制系统和传感器系统过于复杂，因此造成智能轮椅本身成本过高、功耗较大，续航能力难以满足实际需要。

四是智能轮椅不能只是少数人的奢侈品。由于目前的智能轮椅基本上采用与移动机器人相同的技术方案，因而成本很高，只有一些特殊人群才能够使用而难以进入普通家庭。

（三）智能轮椅研究的发展趋势

智能轮椅的研究未来的发展趋势有以下几个方面。

1. 人机交互自然化

通过多种人机交互接口结合，智能轮椅系统能够更加充分地与乘坐者进行交流和沟通，更加准确地理解乘坐者的操纵意图。

2. 安全保障全面化

利用日趋进步的传感器技术，构建完善的智能轮椅保障系统，通过对周围环境更加全面的了解，实时监测智能轮椅的运动状态，对危险状态进行报警和阻止，尽可能避免危险的发生。

3. 产品化

产品化是任何高新技术服务于社会的必经之路，采用嵌入式控制系统是智能轮椅未来的发展方向，利用嵌入式产品功耗低、运算能力强的特点，将能够实现真正的智能轮椅产品。

随着嵌入式技术的飞速发展，基于嵌入式系统的智能轮椅控制器将能很好解决现有控制器所存在的成本高、功耗大、续航能力差等问题。国内的研究团队已经对基于嵌入式系统的智能轮椅控制与传感器系统进行了比较深入的研究，完成了多种专用模块的开发，并

已研制开发了一种新的智能轮椅控制器。由于完全采用自主技术，这种新型智能轮椅控制器与电动轮椅控制器相比，成本增加不多，采用这种控制器的智能轮椅也将与目前市场上销售的电动轮椅售价相差不多，这就向智能轮椅的产业化方向迈进了一大步。

4. 模块化

要实现智能轮椅的批量生产，智能轮椅的各项功能必须模块化，包括导航系统、人机接口、运动控制以及机械臂等。便于为不同的用户定制不同的功能模块组合，同时也便于对各个功能模块的升级和再开发。

因此，我们完全可以相信，在不远的将来，不同类型的智能轮椅将进入普通家庭，智能轮椅将不是少数人才能用得起的奢侈品。随着机器人技术的不断发展，智能轮椅的各项功能会更加完善，真正服务于老年人和残疾人生活。使他们重新获得生活自理能力和融入社会。

第三节　可移动辅助机器人

无论是在家里还是在工作场所，可移动的机器人都是很好的解决方案。在一定的范围内使用可移动机器人，如在家里、办公室内或是在学校、工厂内的某些地方。因此，如何将移动机器人导航技术用于扩大和提高残障人的生活空间与自由度，近几年来已引起国际学术界的广泛关注，尤其是用于帮助残障人行走的智能轮椅式移动机器人的研究已逐渐成为移动机器人领域的一个研究热点，智能轮椅机器人能够帮助残障人完成自己的日常生活行动。这类机器人最常见的形式是智能轮椅或在智能轮椅上加装机械臂。

一、概述

（一）机械手臂

机械手臂一般安装在病床边，可以听从主人的指令取物。当主人要求它取来饮料、食物、药品时，它手爪上的“眼睛”就立即搜索并锁定目标物，伸出手臂、活动关节取物。它还可以做开门、开灯之类的简单动作。针对残障程度较重的使用者，也有部分轮椅采用了轻型机械臂，帮助使用者完成捡拾物品、开门、倒水等活动。比如 FRIEND Ⅰ上采用的 MANUS 手臂可以通过示教的方式实现抓取物体、倒水等功能。FRIEND Ⅱ上则配备了一个更加灵活，重量更轻的 7 关节手臂，手臂末端是 5 手指的人工灵巧手，可以帮助使用者完成更加复杂的动作。

法国在 1975 年通过 Spartacus 机器人项目开展遥控机械手的研究，并基于该项研究在 1984 年和 1985 年与荷兰分别进行 MANUS 机械臂和 Master 工作站的研究。MANUS

机械臂专门用于轮椅安装，由 Exact Dynamics 公司改装在一个可升降底座后获得巨大成功，至今仍在销售和使用，取得了良好的社会效益和经济效益。类似的机器人还有美国的 Winsford Feeder、英国的 Neate rEater 和日本的 MySpoon 等。欧洲 TIDE 开发了操作臂 MARCUS、导航系统 SENARIO、系统集成技术（例如 M3S 和 FOCUS），已完成的康复平台有 MECCS、OMNI 和 MOVAID。

传统意义上的机器人，比如，对车架进行点焊的机械装置，在设定程序以后可完成一系列精准度高的任务，但严格限于特定的环境中。在人类空间里活动时，HERB 这样的机器人需要对陌生物体进行感知与处理，还要避免与同样处于活动状态的人类相撞。HERB 的感知系统由一个摄像头和一台装在机械臂上的激光导航仪构成。与工业上使用的液压机械臂不同，HERB 的手臂是由线缆构成的压力传感系统驱动的，这些线缆类似于人类的肌腱。要想让机器人搀扶失能的独居老人上卫生间，而不至于把老人家直接抛射进去，这样的系统便必不可少。

（二）基于桌面工作站的机械手

基于桌面工作站的机械手安装在一个彻底结构化的控制平台上，在固定的空间内操作。具有足够自由度的串联机器人再配上适合残障者使用的人机界面是这种机器人典型的设计模式。目前此类机器人已经达到了实用化，如，法国 CAE 公司开发的 MSE 系统，美国 ATR TlaCroain of oprto 开发的 DVREA 系统，以及英国 Ofr Intelligent Machines Ltd. 开发的 xod RAID 系统等。基于轮椅的机械手安装在轮椅上，因轮椅的移动而扩大机械手的操作范围，同时由于安装机座的改变导致了机械手刚性下降和抓取精度降低，而且这种机械手只适用于那些可以用轮椅的患者。这种机械手已不再是传统的工业机器人，其结构设计、材料选择、电力供应、人机接口等都有别于传统的工业机器人。这种机械手已经成为面向应用的流行设计，KARES 系统就是一种基于轮椅的机械手系统，在电动轮椅上安装了一个六自由度的机械手，能帮助行动不便的老人和残疾人独立地行动。随着智能轮椅研究的发展，这种机械手也会得到更广泛地应用。基于移动机器人的机械手是目前最先进的康复机械手，这种机械手安装在移动机器人或者是自主或半自主的小车上，进而适于更多的患者使用，同时扩大了机械手活动空间并提高了抓取精度。

（三）拥有机械臂的轮椅

美国匹兹堡大学研制的拥有机械臂的轮椅 PerMMA，专门负责运送脊椎损伤患者并帮助他们进食。罗里·库珀因一次自行车意外事故受伤而导致身体部分瘫痪，此后的生活中，他亲身感受到了传统轮椅的局限性。虽然他的手臂仍然行动自如，但他遇见的很多其他残障人士都丧失了上肢活动功能，因此，他决定为他们设计一个更好的轮椅，于是拥有两个机械手臂的 PerMMA（个人移动性和操纵设备）诞生了。乘坐者可以根据自己的活动能力，通过触摸面板、麦克风或者操纵杆来控制 PerMMA，从而轻松的处理日常事务，比如烹饪、穿衣和购物等。目前 PerMMA 的每个机械臂可以支撑 2.24 公斤的重量，然而库珀希望经过他的改造，将来 PerMMA 能够举起 56 公斤重的东西，至于从烤箱中取出烤好的火鸡，或者从炉火上端起一锅意大利面，都是小菜一碟。

此外，美国费城 Pennsylvania 大学的 P. Wellman 等人设计的智能轮椅，在一个移动的车辆上包括了两个可以作为手和臂工作的机械手，减轻了残障人的工作负担，并且具有避障功能。

（四）装有柔软机器人臂的智能轮椅系统

触觉服装是另外一种供无法使用操纵杆移动轮椅系统的残障人使用的输入装置；不能使用手或臂的残障人可以穿上触觉服装，通过肩膀的运动控制轮椅，因为肩膀的运动可以通过服装里面的传感器转换成操纵杆信号。

如，韩国的轮椅机器人旨在开发一种装有柔软机器人臂的智能轮椅系统，该系统能够帮助残障人完成不同的任务，包括喂饭、捡起物体、从书架上拿出书籍、敲打残障人的腹部以帮助消化。该系统还包括眼鼠标系统，供欲使用眼睛的凝视点操作计算机图形菜单的残障人使用。

而德国的安装机器手臂的智能轮椅（Friend）还可以完成简单的日常生活操作。智能轮椅系统可对每个命令进行筛选并确认其安全性。

二、上肢全麻痹轮椅功能性臂支架

（一）概述

上肢全麻痹轮椅功能性臂支架，实际上就是一种动力型上肢矫形器。轮椅椅架作为一个稳定的基面后，矫形器的设计者在能够参考的器械中有了更大的选择范围。于是，产生了三种特征性设计的发明：平衡臂的吊带、活动臂的支撑、动力型矫形器。

1. 平衡臂吊带

通过一根在头上面的、联结在轮椅上的杆来悬吊上臂，提供了对上臂肌肉运动辅助方式。高度和对线决定了该器械的功能，其潜在能力通过弹簧和平衡杆增加。

作业治疗师使用平衡臂吊带开始臂的功能训练，保持活动范围。臂吊带可以有选择性地定位，辅助预防和矫正肩、肘的畸形。

悬吊的支点特征虽然允许有无效的运动范围，但也倾向于将臂拉回到中间点，而吊带提供的辅助和限制动作的选择性非常小。每一次使用都必须重新调整对线，因为患者离开轮椅一次过头的杆就得返回一次。由于这几个原因，平衡臂吊带被划入了练习辅助器范围内，如果某个器械需要增加功能，那么这个辅助器就应重新放在具有活动支撑的原位上。活动臂支撑是更稳固的，尤其是功能辅助及调整的永久性。

2. 活动臂支撑

活动臂支撑的基本功能是承受臂的重量，以使非常虚弱的肌肉（2 级甚至 1 级）能够提供有用的运动。当相对肌群之间的力量差别很显著时，球轴承支承是倾斜的，重力能辅助较弱的肌群，甚至全部代替它们。为利用重力作为功能性力量，对抗肌群必须有足够的力量执行其任务，对附加的阻力做功。

最初，这种器械的作用是利用头和躯干作为控制手臂活动的动力源，然而结果是不太适合并耗费太多的能量而没有效益。除非患者的肩、肘部有 1 级或 2 级的肌力，否则他不能得到有效的、独立的、具有活动臂支撑的臂功能。加长的手柄能作为一种训练器械，但不是一个长期可接受的方法。稳定的坐姿是有效臂功能的另一个基本要求。首先涉及的是牢固地安装在轮椅上。如果机械的躯干支撑是必要的，那么应允许有稍微地外侧运动。在患者已达到能在轮椅中坐两小时，并且连续活动而仍有足够的体力以前，进行训练是不能令人满意的。

活动臂支撑的使用需要良好的目标，为了达到效果，必须整天反复使用。患者能够进行有意义的活动时，才会主动练习，因此，患者的活动目标决定了装配和设备选择计划的成功。旋转和桡侧臂器械很好地用作临时训练的辅助器械。

尽管重新达到双侧活动是非常理想的，但需要反作用平衡，采用不同类型的代偿运动及每一面积相反的复杂运动控制。因此，较好的功能实际上是通过适合患者而达到的，而不是仅仅一种活动臂支撑器械。

现有两类可利用的结构形式：旋转臂和桡侧臂。尽管它们有许多功能是共同的，但每一种都必须各有优点。

（二）轮椅功能性臂支架的主要类型

1. 旋转活动臂支撑矫形器

目前称为旋转活动臂的支撑系统代表了功能臂支撑的最初方式，这是 20 世纪 40 年代的设计，但非常有效，保留下来的只有很小的改变。根据每个患者的需要，简化杠杆长度和对线方法，一种弯轴技术已被早期可互换的零件所取代。另外一种修改方案是举起上臂辅助肩外展旋转系统。该系统提供了整个患者臂长水平无限制运动弧，垂直地达到他的头部。任何一个患者所利用的潜在范围的大小取决于双侧控制的平衡要求。握力是最小的，球轴承支撑给患者在手的位置多方面性上提供了更大的运动，但对于举起力量却很小，并且几乎不能增加。只有很轻的物体才能操纵。

旋转活动臂支撑系统的另一优点是它的可外购性以及容易给患者装配部件，包括举起上臂，是批量生产的。作业治疗师能独立的装配和调整已经制作好的部件，该系统能定位，不影响在大腿和腰部上的物体。举臂是增强肩外展肌的特殊辅助装置。对于外展肌力不足患者，能够加上一个动力部件。

人们也能通过加上橡皮筋带对所选择肌群给予有限的辅助量。弹性会迅速变质，因此，这种处理只适于训练，而不能长期使用。

旋转活动臂支撑有两个重要缺点，即惹人注目和凸出到侧面。这种凸出的宽度使轮椅不能通过门口，不能再次将手定位。因此，如果患者操纵电动轮椅，这是特别不方便的。

2. 桡侧臂活动臂支撑

这是一种特殊的设计，可避免旋转杠杆习惯性的外侧凸出。它不太惹人注目，零件也比较少。这些独特的优点使得脊髓损伤患者宁愿选择桡侧臂系统，长期使用，而不接受旋转式的设计方案。那些轻度痉挛或运动范围受限制的患者也能使用它，由于它有较好的垂直运动，水平运动更稳定。

桡侧臂也有其缺点，当肩外展时，杆在椅子的背后突出。当手被带至工作区域中心，由于杆碰撞身体，自由臂的活动可能被中断。同时杆的表面倾向于产生裂痕，致使在使用一段时间后，痉挛性的臂活动。

桡侧臂系统还不是一种商品，也使其可利用性受限制。已经制订了调整和装配准则，但缺乏对系统的清楚解释，作业治疗师自己尚不能制造更多可调零件来满足患者需要。

3. 动力臂矫形器

当患者缺乏对肩和肘肌肉最小控制时，必须用外部动力来代替。动力系统设计并不困难，最大障碍是大多数患者难以有效控制。臂不能同时在肩和肘部进行选择性运动，以使手沿着适当的对角线运动。控制臂的外面部分是难以达到的，结果是患者通常不得不在二到六个控制部位进行连续的运动。当患者缺乏感觉时，不能确定手的精确位置，这样不能满足准确性的功能要求。当前的主要努力是在发展环境控制系统，这种系统完全不受麻痹的、无感觉的上肢的限制。

4. 二氧化碳活动臂支撑

多达六种动力元件（人工肌肉或活塞使用二氧化碳）已经被加在标准配置的活动臂支撑上了，这种增加活动臂支撑辅助作用是很复杂的，控制和维修都很重要。使用二氧化碳的两种人造肌肉现已应用到旋转活动臂支撑上，同时还具有弹簧辅助提升上臂外展以及屈肘与前臂旋后。这对那些失去了臂肌肉，保留肩提升的患者是适当的。盘簧在举起上臂时减少了动力要求，短旋臂与其支点在鹰嘴突后面连接肱骨和前臂部分。除了两个正向控制源外，该系统允许在肱骨和前臂联结处自由地水平运动。如果患者能随意旋前或旋后，则在前臂凹槽中可自由地转动。随着自由运动和动力运动的结合，达到一定程度的多样性。使用产生举起上臂的元件是选择二氧化碳辅助的另一例子，活动臂支撑的其他部件在随意控制之下。

5. 电动臂矫形器

这种矫形器实际上是一种智能矫形器，提供了一种更大的连续功能的正向运动控制。人们已设计了一种具有六个自由度的仿人矫形器。这种元件更符合解剖学，因为它在椅子上相对肩部的近端点上被悬吊，这样可与正常臂、躯干进行比较。由六个双向电动舌控开关提供控制，可用二级开关元件作用运动或从脸上移开，二级开关由头或肩操纵。控制反馈取决于肢体内的感觉或由患者的视觉。由于发明了可调式肢体节段，安装已大大简化，年龄大的儿童和成人适合于一种简单的基本设计。该矫形器的应用限制在难以获得正常的对角线运动，为得到一种简单地将食物从盘子送到嘴中的动作，大约需要 30 种运动。

（三）轴承式前臂矫形器

1. 概述

轴承式前臂矫形器（Ball Bearing Forearm Orthosis）又称 BFO 平衡式前臂矫形器（Balanced forearm Orthosis），属功能性肘关节矫形器。这是一种为使用轮椅的患者设计的利用滚珠轴承提供支撑的装置，用以承受麻痹上肢的重力，使其保持平衡，进而使患者获得一定程度的功能改善以便进食和完成一些日常生活活动，其结构包括设在轮椅上的底座、金属支架、近侧和远侧轴承和前臂桡侧支持架等。主要用于肩、肘关节肌肉重度无力或麻痹，同时又使用轮椅的患者。使用这种矫形器时要求肩关节和肘关节仍有 1~2 级肌力，如肌力不足则需使用外力源。

BFO 是一种多功能改善生活质量的通用装置，不仅能帮助患者自己进食，而且患者利用这一装置可以从事读书、写字、文娱活动、吸烟和完成某些工作。它以连接于由两段曲柄组成的金属臂上的前臂托板支持上肢，上肢的重量因此几乎可以完全消除。由于曲柄的设计十分巧妙，柄端与托板之间又有关节联系，因此托板的支点和倾斜度都能调节；加之金属臂的连接部位均有轴承装置而十分灵活，即使颈 3~5 节段脊髓损伤、肩部肌力仅为 2~3 级的患者亦可借之协助而控制上臂和前臂活动，如，再结合其他手部矫形器（如前述握持矫形器）和自助具应用，即有完成进食活动及其他桌上活动的可能。此种矫形器虽然结构较为复杂，但具有很大使用价值。

2. 使用 BFO 的基本条件

（1）肩、肘的肌力在 0 与Ⅲ级之间，或肌力虽然高于Ⅲ级但是耐力不够者。

（2）有控制前臂托使之能跷起来的能力。

（3）关节有足够的被动活动范围，肩可以前屈、外展 90°，这样肘关节可能抬高，为了保证前臂托能前跷、后跷而要求肩关节能外旋或内旋 60°，为了手能触到面部要求肘关节能屈曲 130°，为了使手能从桌面上取物前臂应能旋前 80°，为了使患者能完全坐直则要求髋关节能屈曲 85°。

（4）由于 BFO 各个关节活动摩擦阻力很小，要求肌肉运动协调功能完好。

（5）患者必须能直着坐几个小时。

（6）受过正确地调节、使用矫形器的训练，当然也要求患者有很高的使用积极性。

3. 生物力学原理

为使用轮椅患者设计的，利用滚珠轴承提供支撑，使其承受麻痹上肢的重力，确保平衡获得一定程度的功能改善，完成进食和一些日常生活活动。

4. 设计与制造

结构设计包括在轮椅上的底座、金属支架、近侧和远侧轴承和前臂桡侧支持架。

5. 适应证

适用于肩关节和肘关节有 1~2 级肌力，肘关节麻痹者，如，肌皮神经损伤，神经变性的患者；如果肌力不足，则需使用外力源。

6. 检验要点

（1）各转动轴的转动摩擦力很小。

（2）患者使用矫形器可以跷起前臂，伸肩部，屈伸肘部，在轮椅桌上从事进食、读书、写字等作业。

三、国产轮椅机器人

（一）智能轮椅主板：解决残障人辅助行走设备的智能化

随着社会的发展和人类文明程度的提高，人们尤其是残障人愈来愈需要运用现代高新技术来改善他们的生活质量和生活自由度。因为各种交通事故、天灾人祸和种种疾病，每年均有成千上万的人丧失一种或多种能力（如行走、动手能力等）。因此，对用于帮助残障人行走的智能轮椅的研究已逐渐成为热点，中国科学院自动化研究所也成功研制了一种具有视觉和口令导航功能并能与人进行语音交互的智能轮椅。智能轮椅主要有口令识别与语音合成、机器人自定位、动态随机避障、多传感器信息融合、实时自适应导航控制等功能。

（二）多模人机接口技术的智能轮椅

智能轮椅可开冰箱拿果汁。坐在智能轮椅上，如果乘坐者口渴了想喝果汁，轮椅会根据程序“走”到冰箱面前，机械手打开冰箱门后，准确地从一堆饮料中挑出果汁递给乘坐者。这种多模人机接口技术的轮椅式机器人，可以通过人脸识别功能认定乘坐者的主人身份，将来还可以通过乘坐者的脑电波信号，根据乘坐者的意愿来完成任务。

多模人机接口技术的智能轮椅可以通过人的手势、嘴部表情、声控来接受图像，运用摄像头采集图像、电脑处理图像的原理，识别出各个动作图像对应的控制指令，完成任务。

智能轮椅关键技术是安全导航问题，采用的基本方法是靠超声波和红外测距，个别也采用了口令控制。超声波和红外导航的主要不足在于可探测范围有限，视觉导航可以克服这方面的不足。在智能轮椅中，轮椅的乘坐者应是整个系统的中心和积极的组成部分。对乘坐者来说，智能轮椅应具有与人交互的功能。这种交互功能可以很直观的通过人机语音对话来实现。

（三）语音交互的智能轮椅式移动机器人

在对国内外现有各类移动机器人及其相关技术进行调研分析的基础上，通过解决口令识别与语音合成、机器人自定位、随机避障、多传感器信息融合、实时自适应导航控制等方面的关键技术，克服了现有智能移动机器人存在的一些不足，进而研制成功了一种具有视觉和口令导航功能并能与人进行语音交互的智能轮椅式移动机器人。智能轮椅的多模态接口系统的子系统之一（头部姿势控制模块）的组成部分。其目的是让乘坐者利用头部姿态控制轮椅的转动，即当人的头转向左边，轮椅左转；人的头转向右边，轮椅右转。这实际上是 realtime face tracking and head pose estimation 问题，其中，头部的实施检测和跟踪是实现头部姿态控制的关键一步。由于在轮椅实际移动中，外界环境如光照、背景在不断地变化，而且由于在 face tracking 模块上还要进一步做姿势估计，因此此模块对系统资源应具有低耗性。这些，都对算法的实时性、稳健性、低耗性提出了较高的要求。经试验，这种算法能比较好的适应智能轮椅的控制环境，在变化光照和背景下，能较好地实施检测人脸。在此基础之上，研究人员正进一步利用头部姿势识别模块实现对智能轮椅的姿势控制。

第六章　康复机器人

目前世界上很多国家已进入老龄化社会，老龄化过程中的生理衰退导致老年人四肢活动能力逐渐下降，给日常生活带来诸多不便；同时，交通事故和战争使得瘫痪患者的数量急剧上升，研发针对老年人和残疾人使用的智能康复器械和护理辅具，对提升残疾人和老年人生活能力、提高其生活质量，实现生活自理和主动参与社会活动具有重要的现实意义。康复类智能辅助产品，包括康复机器人（Robot Aided Rehabilitation），是老年人以及残疾人享有全面康复的基本条件，也是他们回归社会的无障碍工具。康复机器人可以帮助患者部分地恢复机体功能，这不仅有利于提高患者本身的生活质量，也可以减轻家庭和社会的总体负担，康复机器人在这个背景下迅速发展。康复机器人是近年来发展起来的一种新的运动神经康复治疗技术，作为医疗机器人的一个重要分支，已经成为国际机器人领域的一个研究热点。

第一节　康复机器人概述

伴随着医疗水平的提高，人们在患重大疾病后获救治的存活率提高的同时，残疾发生率在增长；人们预期寿命延长，社会的老龄化又使各种老年性疾病、慢性病和功能退行性疾病纳入人们的视线。因此，与之相关的临床康复治疗方法、功能评估的关键技术，以及相关设备研究与推广应用显得尤为重要。

一、肢体残障及其康复需求

随着人口的增加和老龄化，中风、脑卒中等脑血管疾病和工伤、车祸、外伤等造成的功能障碍的患者增多，这个数量还会加大。通常情况下，随着发病时间的延长，中风患者力量和运动功能恢复的希望会逐步减小，中风患者在出院之后，其后遗症状会持续数月甚至数年时间，而且这种症状治疗起来很是棘手。

（一）脑损伤的康复

1. 脑损伤的康复训练

脑损伤（脑卒中、脑瘫、脑外伤、脑肿瘤）引起肢体瘫痪的康复是一个国际性的难题。

脑损伤是当今世界危害人类健康最大的三种疾病之一。我国是脑血管病高发区之一，据估计每年因脑血管造成的误工损失（包括家属）与医疗费用达 70 亿元以上。随着我国国民经济的快速发展，人们生活条件和生活方式的明显改变，加之迅速到来的人口老龄化，导致国民的疾病谱、死亡谱发生了很大的变化。目前脑血管病已成为危害我国中老年人身体健康和生命的主要疾病。据卫生部统计中心发布的人群监测资料显示，无论是城市或农村，脑血管病近年在全死因顺位中都呈现明显前移的趋势。城市居民脑血管病死亡已上升至第一、二位，农村地区在 20 世纪 90 年代初脑血管病死亡列第三位，90 年代后期升至第二位。随着老龄化的进程，预计脑血管病发病率会继续升高。因此，越来越多丧失行动能力和有运动障碍的人需要进行系统的康复训练。

2. 脑卒中的康复训练

脑卒中（stroke）又称脑中风或脑血管意外，是一组以脑部缺血及出血性损伤症状为主要临床表现的疾病，具有极高的病死率和致残率，主要分为出血性脑中风（脑出血或蛛网膜下腔出血）和缺血性脑中风（脑梗塞、脑血栓形成）两大类，以脑梗塞最为常见，是一种突然起病的脑循环障碍，症状一般持续 24 个小时以上，可迅速致使局限性或弥漫性脑功能缺损。

“中风”等以脑动脉系统疾病是我国居民死亡率最高的三大疾病之一，多发于 40 岁以上的中老年，我国是中风高发国家，中风患病率在每 10 万人口中约 550 例，全国患者超过 1000 万，每年新增患者超过 250 万人，致残率很高且多留有后遗症，其中偏瘫是脑血管性疾病的主要后遗症之一。据卫生部不完全统计，目前我国每年中风发病人数为 250 万，每年中风死亡人数为 200 万，占总死亡人口的 22%。偏瘫给脑卒中患者造成终身残疾，严重者失去生活自理能力和工作能力，靠社会和他人辅助生存。我国现在有大约 700 万偏瘫患者，需要花费大量的人力和物力来照顾他们的日常生活。

目前临床治疗偏瘫的有效方法之一是运动训练。传统的运动康复训练以治疗师为中心，不可避免地存在着诸多弊端：如一对一的训练模式效率低下；治疗效果多取决于治疗师的经验和水平；训练过程不具吸引力，参与治疗的主动性不够；不能向患者提供实时直观的反馈信息，不利于恢复运动神经对肌肉的支配等。

3. 神经康复 neurological rehabilitation

对神经系统病损所致运动、感觉等功能障碍的康复评定和康复治疗。目的是减轻病损所致的残损，残疾和残障程度，促使患者有较好的生存质量并重返社会。

（二）“三瘫一截”的康复

“三瘫一截”是国内外康复医疗服务机构主要关注的对象。“三瘫一截”即脑血管性偏瘫、创伤性截瘫、大脑性瘫痪和截肢。创伤性“截瘫”是由于交通事故、工伤等原因造成的脊髓损伤疾病，我国已经成为世界上截瘫患者人数最多的国家。

偏瘫（hemiplegia）是一侧上下肢肌肉瘫痪，有时伴有下部面肌和舌肌的瘫痪，它是急性脑血管疾病的一个常见症状。中风致残率很高，约占生存者的 70%~80%，5 年内复发率高达 41%。根据病残轻重，其中约 40% 的残者不同程度的丧失劳动能力，给家庭及社会带来相当巨大的负担和影响。

1. 康复治疗现状

脑卒中后上下肢的功能障碍要历经软瘫期、痉挛期和恢复期三个时期。

软瘫期约有 2 至 4 周，且没有明显的时间节点。这一时期的康复治疗主要包括良肢位的摆放和治疗师给予的被动活动，其中良肢位的摆放与避免随后形成异常的运动模式关系密切，故而被康复医生和康复治疗师所重视。然而，在软瘫期的 2 至 4 周内，一天 24 小时仰卧位、健侧卧位以及患侧卧位状态的良肢位摆放常常会被患者自然打破，主要原因是没有可以帮助患者维持良肢位的辅助器具，这就不可避免地为异常模式的形成提供了条件，也为后期的康复治疗增加了难度，最终，使脑卒中患者遗留更严重的后遗症和拥有较低的生活质量。脑卒中偏瘫造成的手抓握功能的丧失使患者丧失了吃饭、穿衣、排便等基本的生活自理能力，给患者及其家庭均带来极大的不便和痛苦。长期以来，由于没有及时开展康复训练，以致脑卒中后生存的患者存在不同程度的功能障碍（如偏瘫、偏身感觉障碍、偏盲等），患者肢体功能活动降低，部分关节肌肉处于废用状态，严重影响了患者的工作及生活能力，增加了家庭和社会的负担。尽管疗法很多，然而由于早期康复训练无法对脑中枢和肢体功能进行量化的监测和实时动态功能补偿训练，致使总体疗效不佳，致残率居高不下。

随着时间的推移，处于软瘫期的患者肌力开始恢复的同时，肌张力也开始出现，进入了大多数脑卒中患者需要经历的痉挛期。痉挛期的时间长短不一，可以一两周、几个月、几年甚至形成挛缩维持终生。痉挛期的康复治疗不仅备受重视，而且手段多样，如各种电刺激、功能电刺激、牵张功能训练，甚至包括肉毒素注射等。但是，为了尽早让脑卒中患者实现独立，在积极的康复治疗中，医患更多关注的其实是下肢，也就是尽快让患者站起来，并尽快恢复行走能力。在这种情况下，治疗师不可避免地对下肢的关注会多一些，甚至在训练坐起和下肢步行能力的时候，因忽略了上肢需要保持一个良好的肢位，而引起不必要的肩下垂、病理性肩关节脱位，甚至手痉挛状态的加重等情况。

维持痉挛期肌力和肌张力的平衡是形成肢体运动，尤其是协调运动的前提；抑制过高的肌张力则是避免肌肉痉挛形成的关键环节。目前临床上在上肢进行功能康复治疗时，针对手功能恢复的康复治疗手段十分匮乏，特别是“抓握后的释放困难”更是困惑着治疗师，也时常让患者因不能随意地支配手的抓握和释放而对康复治疗失去信心。

上肢的良肢位是肩关节略外展外旋，肘关节伸展接近伸直，腕关节背伸 25 度，大拇指及手指处于伸展接近于伸直，掌心不能有外物刺激。当脑卒中患者处于软瘫期，患者肢体的张力较低，根据改良 Ashworth 评级，此时的肌张力为最低级 0 级，所以这个时期最重要的治疗之一就是良肢位的摆放，而这个时期的综合性良肢位摆放的矫形器还是空白。上肢预防和治疗用矫形器可以在不同关节处，插入不同强度的插件，将整个上肢处于良肢位，进而预防可能出现的痉挛，根据 Bobath 治疗原理，上肢大拇指作为一个远端关键点，有助于预防和改善手部的痉挛，因此大拇指应处于功能性的外展位（外展 30 度）。当患者处于痉挛期，可以有效地在训练其他部位的同时，将上肢固定在良肢位。

2. 临床康复治疗问题

早在 20 世纪 80 年代，一些具有远见卓识的临床医师和专家就开始呼吁临床康复医学的发展需求，我国政府也十分重视康复医学学科的建设，卫生部还参照国外的成功经验，专门公布了不同等级医院康复医学科的硬件（设备）配置要求。然而，多年来开展临床康复治疗的过程也暴露出一些问题。

很多年前参照日本、美国等的配置照搬过来的东西，已被发现存在很多不合理性，包括无谓的浪费、器械结构和设计得不合理、不符合国情或没有兼顾人种、地域和文化的差异、缺乏必要的质量监控、设备制作技术的落后等。

康复多学科交叉知识的缺乏导致国内临床康复工程及其设备产业的发展在转化医学的环节上出现瓶颈，研发产品与临床康复诊疗需求脱节。这种现状又致使国内高档康复训练 / 治疗设备市场基本为国外公司所垄断，并且售价昂贵。国内各级医院康复中心（科室）则康复训练 / 治疗设备和运动功能评价设备匮乏，康复治疗技术水平低下，远远不能满足患者康复训练、康复治疗和功能评价的特殊需求。

康复技术对临床各科室患者治疗的早期介入是降低致残率的重要途径和手段。而我国大部分康复科室和康复医师与各临床科室在治疗患者，并使之恢复功能方面是脱节的，服务并不到位。

国内有丰富临床经验的康复专家有限，且主要集中在大城市的医院里，而患者却分布在中小城市和乡镇医院，无法分享现代康复技术发展带来的福音。

“三瘫”是临床康复机构康复治疗的主要对象，也是康复医疗技术最大的应用群体。由于我国大部分医院长期以来没有及时开展康复训练，以致 80% 的脑卒中后生存的患者存在不同程度的功能障碍（如偏瘫、偏身感觉障碍、偏盲等），患者肢体功能活动降低，部分关节肌肉处于废用状态，严重影响了患者的工作及生活能力，增加了家庭和社会的负担。

目前大部分医院的主要精力放在发病的急性期的治疗与控制，而康复期的治疗比较薄弱，同时，综合医院和康复机构都缺乏必要的康复辅助设备，基本的康复训练方法是康复大夫与患者一对一的训练，或利用简单的器械进行手工操作，康复治疗效率较低、康复效果因人而异且治疗成本高，再由于我国康复专业人员和康复医院的床位严重不足，很多患者只能在家接受家属的护理和自然康复，加之我国康复知识普及宣传不够，一些患者只能接受非科学的康复训练，严重制约了患者的疾病恢复，有些甚至加重了患者的病情，给患者造成了伤害。

（三）临床需求与临床实际的差距现状

由于有大量的临床上需求，卫生部要求三级甲等医院都要设立康复科，然而与内、外科等常规科室相比较，国内医院的康复科在新的康复医疗技术和康复设备上都还存在很大欠缺。国外一些医疗机构和设备厂商都在寻求机会进入我国医疗市场。我国的一些大的综合医院开设康复治疗中心，尤其是与国外合作的康复门诊，是比较成功并受欢迎的，如，北京大学第三医院的中荷康复培训中心，利用政府资助购买了一批荷兰的设备，发展了康复门诊，目前三院各科患者可以到康复科治疗，康复纳入了正常医疗范围。另外如中国康复研究中心，由于得到了德国和日本等政府的援建、康复设施比较完备、康复手段门类较多，吸引了全国各地康复患者纷纷到此就医，导致人满为患。然而上述医院智能化的康复训练设备还较少，不能满足众多的患者的需求。而中小型综合医疗康复设施过于简陋，往往名不符实，治疗项目仅限于针灸、理疗和推拿，治疗病种单一，同样不能满足康复治疗的需要。

到现在为止，康复事业在我国开展的30年以来，得到康复者约为需要者的1/10。因此，要实现所有残疾人，人人享有康复服务的目标，必须加强康复医学的建设与辅具技术的发展。与国内庞大的社会需求和与发达国家先进水平相比还有很大的差距，康复器械产品在高技术产品化和市场化推进方面，比发达国家落后多年，这是我国康复产业及其辅具技术界面临的挑战。近年来，机器人技术的应用正在逐步由现有的生产领域向更为广泛的人类生活领域拓展，高度智能化的机器人技术开始向人类在教育、环境、社会服务、医疗等领域所面临的种种问题发起挑战，小型化、轻量化且更加接近实用的人工智能机器人不断地被开发研制出来。同时，人们也对机器人技术的未来发展充满了期待。

康复科学与技术对临床康复的介入是整个保健、诊疗和康复事业发展的根本出路。临床康复手段的早期干预是减少残疾的重要途径。针对上述这些问题，有必要针对我国临床康复诊疗技术中的急需项目，在对国外康复新理念、新技术和新装备引进、消化吸收，以及我国过去30年开展临床康复治疗经验总结的基础上，采取医工结合和多学科交叉的手段，在影响我国临床康复诊疗发展的关键技术、干预方法上获得重点突破，研发出具有我国独立自主产权的、适合我国人口群体的临床康复诊疗设备，进而对卫生部现有的配置标准进行补充或更新，使我国在“十三五”期间，整个临床康复领域在早期诊断、干预治疗、数字化定量评价技术和手段，及康复医疗运行机制方面上一个新台阶。

2010年底，国家出台重大决策，即从2011年1月1日开始在全国范围内强行实行康复治疗纳入医疗保险政策。这给康复医学、康复工程，以及相关产业链（如：神经工程、信息、微纳制造、材料）的发展带来勃勃生机。据初步测算，仅康复治疗机器人产生的直接市场就可达1400亿元。而目前，我国高档临床康复设备的市场均被国外厂商的产品所垄断，其进口价格从每台10万~150万，甚至到每台800万不等。国家迫切需要有拥有独立自主知识产权且适用于我国人口群体特色、社会人文环境的临床康复医疗装备脱颖而出。

这不仅有利于打破国际垄断，迫使垄断中国在高端临床康复医疗装备市场的国外厂商对其产品降价，带动我国临床康复工程及其相关产业的发展，而且对改善我国人民的生活质量，促进老龄化社会和谐发展具有重要意义。

（四）智能肢体康复训练器械

1. 概述

现阶段，在国内的康复治疗中，针对患者功能训练的治疗仍旧以治疗师的手法操作为主，或辅助一些简单的训练器械，训练过程单调无趣，患者容易产生厌烦情绪。治疗师不容易即时了解患者的训练程度和效果。当然，并不是所有人都能按自己的意愿支配肢体活动，对于有肢体残疾、功能运动障碍及长期卧床的人来说，主动运动和辅助运动都是很难完成的，智能肢体训练器运用现代科技技术使运动康复模式智能化、人性化、多样化，最大限度满足人们的身体机能康复目标的实现。为了改变这种单纯依靠治疗师手把手进行训练的状况，实现提高康复训练效率、改进康复效果的目的，近些年来，国内外（主要是美国）的一些神经康复研究机构尝试将机电设备引入“三瘫”康复训练中，相继研制出一些神经康复训练设备——治疗机器人，并进行了临床实验。

CPM 机是利用康复医学中连续被动运动（Continuous Passive Motion，CPM）的基本原理对受伤肢体进行康复治疗的机械装置，是机器人生物力学或生物物理化学类型的典型应用例证。早在 20 世纪 60 年代初期就有医学团体运用 CPM 机进行了术后康复治疗的医学实践，此后也有用于膝、肩、肘关节等康复的 CPM 机出现。然而由于受技术水平的限制，这类 CPM 机长期停留在“大关节”康复的范围内。目前，市场上已经有了用于腕关节和手指关节这样的“小关节”康复的 CPM 机（如 Rolyan 公司的手关节和腕关节 CPM 机），但他们还不能像“大关节”CPM 机那样实现精确地控制，不能对手指抓握等精巧的动作进行训练，治疗的效果还有待提升。

2. 智能肢体康复训练装备

据中国残疾人联合会发布的数据显示，我国肢体功能障碍者近 2500 万，占残疾人口总数的 29.41%。其中：脑损伤（脑卒中、脑瘫、脑外伤和脑肿瘤等）和骨关节病（骨关节炎、股骨头坏死、关节严重损伤）导致的肢体功能障碍占一半以上。并且随着老龄化社会的到来，这类患者呈上升的趋势。由于脑损伤、脊椎损伤或骨关节病导致全身或者部分瘫痪以及不同程度的手及上、下肢运动功能障碍使患者丧失了吃饭、穿衣、排便、行走等基本的生活自理能力，对娱乐和工作等高级生活能力更是望尘莫及，给患者心理及其家庭均带来极大的不便和痛苦。因此，对运动功能障碍的患者进行手及上、下肢功能康复训练是十分重要的医疗手段。

二、康复机器人

机器人不仅提供了有效的治疗和评价手段，并且为深入研究人体运动康复规律以及大脑与肢体的控制与影响关系提供了另一种途径，使用机器人辅助治疗提高了效率和训练强度、是较常规治疗手段更具有发展潜力的康复手段。正因为如此，国外研究机构和众多康复机构纷纷投入重金对神经康复机器人进行开发和产品化的工作。机器人辅助神经康复和运动训练控制已经成为世界范围内康复技术的最主要发展方向和主要热点。

（一）康复机器人的发展概况

1. 康复机器人是康复医学和机器人技术的完美结合

人们不再把机器人当作辅助患者的工具，而是把机器人和计算机当作提高临床康复效率的新型工具。这是一个囊括了生物力学或生物物理化学，竞争运动控制理论，训练技术和人机接口问题等诸多方面的复杂问题。目前，康复机器人已经广泛地应用到康复护理和康复治疗等方面，不仅促进了康复医学的发展，也带动了相关领域的新技术和新理论的发展。康复机器人作为医疗机器人的一个重要分支，它的研究贯穿了康复医学、生物力学、机械学、机械力学、电子学、材料学、计算机科学以及机器人学等诸多领域，已经成为国际机器人领域的一个研究热点。

尽管工业机器人已成功地应用于许多工业领域，但在康复领域应用的机器人，与一般工业机器人有许多不同，主要区别在于人机接口的柔顺性和端点阻抗的可控性。目前，康复机器人已经广泛地应用到康复护理、假肢和康复治疗等方面，这不仅促进了康复医学的发展，也带动了相关领域的新技术和新理论的发展。康复机器人的研究主要集中在功能电刺激和肌电信号控制、康复机械手、智能轮椅、智能假肢和康复训练机器人等几个方面。已有研究表明，儿童能通过操作电动轮椅适当提高视觉、空间的技能和运动能力，同样可以用类似的器械来提高老年人甚至成年人的运动能力。

康复机器人在医疗实践上主要是用于恢复患者肢体运动系统的功能。运动系统的问题可以划分为 2 类：一类是生物力学或生物物理化学类型的应用；另一类是运动学习。当人的肢体受外伤，烧伤或做手术后，由于受伤组织的皮肤、铟带和肌肉失去弹性而导致肢体运动的速度和范围受到限制。生物力学或生物物理化学类型的应用就是使用机器人系统来打破受伤肢体的运动范围。运动技能的学习或再学习，这是一个囊括了竞争运动控制理论，训练技术和人机接口问题等诸多方面的复杂问题。

目前，神经运动康复机器人的研究比较活跃，用来康复治疗与神经运动有关的疾病，包括中风、帕金森氏病和大脑性麻痹症。随着机器人技术的发展，医用机器人已在脑外科手术和神经康复治疗中得到了有效的应用，可以取代补充由康复护理人员手动操作和简单的训练器械的一些不足，对患者进行被动训练、主动助力训练和主动训练，使偏瘫的康复手段更加丰富，疗效更佳。

在康复机器人技术中，人是整个运作过程的中心，使用机器人的目的是加强或恢复人的一些操作能力，这就使得安全性成为第一重要因素。康复机器人在工作过程中应绝对避免对使用者造成任何伤害。它的力量和速度一般不能过大，力量约 2~5kg、速度约 10cm/s。这类机器人必须能够自发地执行完全没有计划的运动。因此，它在人机接口、智能化控制等方面更加关注老年人和残疾人在使用过程中的特殊要求，因此在功能和技术上存在着新的研究热点和难点。

康复机器人不同于工业机器人，因为它特殊的使用场合和使用对象，要求在能够完成功能的前提下，整个康复要安全、柔顺。在康复机器人与人的交互控制中，确保患者与机器人控制的协同性有着重要意义。康复机器人与传统工业机器人有很大区别，人作为机器人系统的一部分参与机器人的运动和控制，而非单纯的“负载”。两者间的协同控制不仅体现在运动的多自由度上，也体现在患者自主运动为主，机器人辅助运动为辅的运动方式上。多自由的协同控制可使机器人能辅助患者完成尽可能多的复杂动作；运动方式的协同控制可强化患者主动训练的意图，促使更好的康复训练效果。

现代康复机器人的关键技术在于机械臂（手）、导航技术、多传感器信息融合技术、人机交互、多机器人系统等。尤其是人机接口在康复机器人显得更为重要，而且近年来基于 Wheelsky 轮椅和 KARESII 项目还开展了鹰眼、眼鼠标、触觉眼等的研究，以及利用肌电信号（electromyography，EMG）的传感器技术研究。随着微型计算机技术的发展，控制器已经可以做得越来越复杂，功能越来越强大，而且在系统变得更加复杂的情况下，控制器还能够保持微型化，便于安装、携带和使用。同时，现代人工智能技术也使得康复机器人系统经过训练后，能够完成多种重复性任务。技术的进步使得康复机器人的应用变得切实可行。

2. 康复机器人国外市场现状及发展趋势

国际上，康复机器人的研究开发越来越自动化与智能化。如日本开发的各种护理机器人，可实现为行动不便的老年人提供全方位的服务。如，服务、保健护理、四肢运动以及对因中风偏瘫、受伤等行动不便者的康复机器人。日本主要的工业机器人制造商安川电机公司自 2000 年起就已经开始销售“康复机器人”。该公司生产的床边机器人可以帮助中风病人或刚接受过假膝移植手术的病人进行理疗，用它们的机械臂帮助病人进行腿部活动。

3. 康复机器人国内市场需求与产业发展现状

近年来，国内康复医学工程虽然得到了普遍的重视，但部分康复机器人研究仍处于实验室成果阶段，简单地康复器械远远不能满足市场对智能化、人机工程化的康复机器人的需求。虽然我国经济规模不如美国、日本等发达国家，但是由于患者人数基数大，康复设备的市场规模即使小，据专家估计至少应在 20 亿美元以上，所以说我国神经康复技术产品的市场潜力巨大。由于我国康复辅具技术和产品的技术水平低，产品的品种和数量均满足不了国内日益增长的市场需求，许多发达国家的大型企业敏锐地看到了这一巨大市场商机，纷纷打入我国辅具产品市场，致使国内技术含量高的高档辅具产品市场，几乎全部被外国公司占领，国内许多相关企业和厂家变成了国外企业的代销商，在市场竞争中处于劣势和被动地位。

由于历史的原因，我国生产辅具产品的企业分属民政部、卫生部、国家医药管理总局多头分散管理，更多的小型企业没有明确的归口管理单位。根据不完全的统计，目前我国生产辅具产品的企业有 600 多家，除少数外商独资、中外合资和国营假肢生产企业外，多数是集体和个体经营的小型企业，规模较小。然而康复机器人属于高技术产品目前只有几个中小企业涉足，而且大多简单的仿制或产品代理，还没有形成国家自有技术产品，这个产业正处于起步阶段。

（二）康复机器人的作用

现在发病量比较大的是偏瘫和半身不遂这种病残，当患者恢复治疗完以后，需要对其的肢体进行锻炼和恢复，那么如果医生是有限的，不可能一个医生，天天给一个患者进行按摩或牵引这样的工作，家庭的人员都上班，没有时间照顾，用一个机器人，可以对他的手进行牵动，天天强迫他进行锻炼，促使人的肌肉的恢复达到最好。随着机器人技术的发展，医用机器人已在神经康复治疗中得到了有效的应用，可以取代由康复护理人员手动操作和简单的训练器械，对患者进行被动训练、主动训练和主动助力训练。

康复训练过程包括患者和康复机器人这两个均具有智能能力的系统的交互作用，其中患者是具有高级自然智能的生命体，康复机器人是具有人工智能的系统。这两个智能系统只有交互配合、协同控制，才能发挥最好的康复治疗效果。

在康复机器人与人的交互控制中，确保患者与机器人控制的协同性有着重要意义。康复机器人与传统工业机器人有很大区别，人作为机器人系统的一部分参与机器人的运动和控制，而非单纯的“负载”。两者间的协同控制不仅体现在运动的多自由度上，也体现在患者自主运动为主，机器人辅助运动为辅的运动方式上。多自由的协同控制可使机器人能辅助患者完成尽可能多的复杂动作，运动方式的协同控制可强化患者主动训练的意图，促使更好的康复训练效果。

（三）国内外康复机器人的发展与研究状况

第一次尝试把为残障者服务的机器人系统产品化是在 20 世纪的 60 年代到 70 年代。实践证明这些尝试都失败了，其主要有 2 个方面原因：其一是设计的不理想，尤其是人机接口；另一个不是技术的原因，而是因为单价太高致使了康复机器人产品化的失败。

20 世纪 80 年代美国麻省理工学院研制出末端导引式康复机器人 MIT-MANUS，虽然只具备平面运动功能，但临床测试表明康复机器人能够显著改善运动神经功能损伤患者的运动能力，开创了机器人化人体运动功能修复的先河，展现了机器人在人体运动功能修复方面无限光明的应用前景。

康复机器人技术在欧美等国家已经得到了科研工作者和医疗机构的普遍重视，也取得了一些有价值的成果。在过去的几十年，机器人辅助技术在康复中得到广泛的应用，其效果与常规治疗相近或更好。美国、欧洲和日本等发达国家在康复机器人方面的研究处于世界领先的地位。MANUS、Handy、Lolomat、MITMAUS、MIME、MGT、Riba、Twendy-one、SEC0M 等系统代表着康复机器人发展的最前沿。

国内近年来在该领域也进行了一些有益的探索，国内研究机构及相关科研人员开始了对相关国外先进研究的跟踪，积极投入到该领域的研究，取得了一些有益成果和相关的技术积累，推出了少许的高端辅具产品，逐步减小了和世界先进水平的差距。从 2001 起，哈尔滨工业大学、清华大学、东南大学、哈尔滨工程大学先后开展了针对康复训练的远程操作机器人技术的研究。东南大学同美国西北大学智能机械系统实验室合作研制成功了实用化的远程上肢康复训练系统，同时，在国家留学回国人员基金的资助下，该校还研制成功了人体神经肌电信号智能检测仪和脑电信号智能检测仪。中科院合肥智能所、中科院沈阳自动化所、东南大学、北京航空航天大学、清华大学、哈尔滨工业大学等高校自 1992 年先后开展了力反馈遥控操作机器人技术的研究，清华大学研制了一种上肢康复设备 UECM，可以在平面内进行 2 个自由度的运行训练；东南大学研制了基于网络的远程上肢康复训练机器人。近年来，这一领域相关技术的研究已具有相当的水平，各个单元技术已比较成熟。将遥控操作机器人技术与康复辅具技术相结合，针对康复医学的要求和特点，研制智能化的多功能肢体康复训练机器人是目前研究的重点。

尽管我国科研院所和企业在智能康复器械方面有一定的研究成果，然而在产品的品种、类别和智能化方面，与国外先进水平相比还存在着相当大的差距，还不能充分满足这些行为能力弱化、生活不能自理的老人及其他患者对此类产品日益增长的消费需求，还不能有效满足他们依靠自身能力独立完成日常行为的心理追求。

我国与国外的康复机器人在产业与技术上都存在一些差距。当前，康复机器人技术越来越多地运用机械电子、康复医学、生物力学、神经科学以及信息技术、控制技术、生物反馈、传感器技术的最新成果。新的运动康复机理、康复手段和康复装备不断涌现，人体运动功能修复正由一门技术发展成为一门新型前沿工程科学。由于康复机器人在运动控制的稳定性、准确性和快速性以及操作的可靠性方面有出色表现，康复机器人在康复领域得到了广泛应用，也取得了很好的临床效果。国内康复低端产品在技术上与国外同类产品比较，存在运动定位精度低、作用力难以控制的缺点，并且售后质量无法保证。大部分都处于低水平的重复研究或者是没有产生重要的具有自主知识产权的技术，残障人康复辅助器械和生活辅具并没有进入产业化。

（四）康复机器人的主要类型

康复机器人主要分为两种：工作站型康复机器人和移动式康复机器人。

1. 工作站型康复机器人

工作站是专门用来进行某种工作的地方，如，工科学生使用的计算机工作站，基于图书馆的工作站、字处理、接电话、文档管理之类的工作站。上述这些工作站涉及对书籍、论文、纸张等一些设备的操作。当工作站设备的使用者存在上肢功能或是操作缺陷时，桌面机器人将是一个极其重要的辅助器具。由于工作站康复机器人固定在一个位置，机器人系统功能可以集中在对物体对象的操作上，设计者不需要关心怎么将机器人移动到物体对象附近。

英国人 Mike Topping 研制的 Handy1 康复机器人属于工作站式机器人，由电动手臂与专门设计的工作台结合而成的工作站型机器人也是最常见的康复机器人，它由程序控制手臂拿取工作台上的物品。这种机器人是由德国海德堡大学和美国约翰霍普金大学最早提出，20 世纪 80 年代初，斯坦福大学基于 PUma260 工业机器人开发了 DeVAR 工作站，将 Puma 手臂装在顶棚的轨道上用于办公环境。1986 年首次亮相于英国通用机器智能有限公司的 RTX 机器手与成年人手臂的尺寸接近，目前已成为基于工作站方式的机器人研究的首选机械臂。1987 年剑桥大学设计一种交互式的任务级编程环境 CURL，用于康复机器人的控制研究。1989 年英国 Mike Topping 公司研制的 Handy 手臂装在固定平台上，采用扫描开关方式控制，通过更换平台上的托盘帮助残障者进食、刮脸、化妆和绘画。

2. 移动式康复机器人

移动式康复机器人可以在室内自由避障，操作者可以通过工作站的实时图形界面监控和干预机器人的动作，帮助残障人完成诸如用特制微波炉加热食物、打扫厨房和清理床铺等工作。这些康复训练机器人均已用于临床，取得了明显效果。将机械手装在可移动的小车上，因此活动范围比较大，可实现大范围内作业。美国 Stanford 大学开发的 MOVAR 机器人可以穿行到各个房间，机械手上装有力传感器和接近觉传感器以保证工作安全可靠。S. Tachi 等人在 MIT 日本实验室研制了一种移动式康复机器人 MELDOG，作为“导盲狗”以帮助盲人完成操作和搬运物体的任务。法国 Evry 大学研制了一种移动式康复机器人 ARPH，使用者可以从工作站实施远程控制，促使移动机器人实现定位和抓取操作。这种机械手系统一般要由视觉，灵巧操作，运动，传感，导航及系统控制等子系统组成。

（五）康复机器人的应用

康复机器人的应用可以分为三个方面：围绕康复机器人建立的固定工作站；工作、学习、家庭用的移动机器人；满足教育用的移动机器人。与特殊目的的进食器和翻页机相比较，这些辅助性机器人都是一般目的（用途）的操作设备。

康复机器人还有一个重要领域——职业训练，涵盖了从对感知和运动学习的任务训练的评价到工地环境模拟的内容。如，对运动员运动损伤的康复治疗，针对性辅助训练，以及像宇航员这种特殊职业的模拟训练等。随着体育和职业教育两大产业的发展，机器人在这一领域的应用前景将十分广阔。

康复机器人可提高老年人参加体操活动的积极性。日本产业技术综合研究所（产综研）与 General Robotix（总部：茨城县筑波市）、茨城县立健康广场共同开发出了可为看护预防康复体操的体操老师提供辅助的人形机器人“Taizou”它具有便于看清的大小（身高 70cm）、人物性格特征以及能够进行体操动作的充分关节数量（26 自由度），通过操纵器发出的简单指示来运动，可完成以坐在椅子上的体操为主的约 30 种看护预防康复体操，而且还能够进行简单的语音对话，目的在于通过充分利用 Taizou 来激发体操参与人员的积极性，并提升体操老师的指导效果。

（六）康复机器人国内外研究趋势

康复机器人发展迅速，然而现有的康复机器人还存在几个问题：首先，康复机器人体积较为庞大，外形不够仿生，不符合人们的审美观；其次，机器人的功能还远远不够。未来康复机器人发展有以下几个趋势。

1. 安全性和可靠性

安全性是设计康复机器人的第一原则。康复机器人的使用者有不同程度的残障，设计者应该充分考虑受众的身体状况，促使机器人更加安全和舒适可靠。

2. 人机交互趣味化

在人机接口方面，向着人性化、趣味化发展。提供更加舒适的支撑机构，将电刺激、虚拟现实等技术与机器人结合，开发更吸引人的训练游戏及多种感官刺激。

3. 功能多样化

康复机器人的功能将趋向多元化，患者可以借助机器人训练肌肉和神经系统，同时可以部分实现身体已经丧失的功能。

4. 外形结构仿生化

随着生物学和仿生学的发展，康复机器人会从外形、功能甚至组织结构上更加接近于真的肢体，小型化、轻便化是未来发展的方向。

随着康复医学、机器人技术、计算机技术、新材料、能源技术和控制技术方法的不断进步，康复机器人的功能将越来越强大。

三、神经康复机器人系统

（一）目前国际上几种神经康复的最新技术

当前，康复机器人技术越来越多地运用机械电子、康复医学、生物力学、神经科学以及信息技术、控制技术、生物反馈、传感器技术的最新成果。新的运动康复机理、康复手段和康复装备不断涌现，人体运动功能修复学正由一门技术发展成为一门新型前沿工程科学。

1. 肌电信号及其应用

（1）运动单元

一个运动神经元和它支配的所有肌纤维合在一起而称为一个运动单元（Motor Unit，MU）。

（2）肌电信号

肌电信号起源于运动神经元（位于脊髓中，属中枢神经系统的一部分）。在中枢神经控制下，运动神经元发放电脉冲，沿轴突传导，在肌纤维上引起脉冲序列，并向两个方向传播。在传播中，这些电脉冲序列将在软组织中形成电流场，在检测点之间形成电位差（MUAP），实际检测到的肌电信号是许多运动单元产生的动作电位序列的总和。在体表检测到的电位序列信号即为表面肌电信号（Surface EMG）。EMG 信号反映了神经肌肉活动，其应用已深入到与生物医学有关的各个领域，主要集中于在疾病诊断及评估、生物反馈治疗与训练、康复治疗与控制以及其他相关控制应用等场合。

（3）诊断与评估

神经病、肌病、神经肌肉传递功能障碍和中枢神经障碍及肌肉状态及组分等。

2. 生物反馈治疗与训练

通过肌电信号对肌肉张度的反映，可对背疼、书写痉挛、口吃等疾病进行反馈治疗，同时可进行运动训练强度的反馈控制；FES/FNS；肌电假肢；瘫痪肢体控制；其他相关控制应用：危险环境的遥控、虚拟现实等。

表面 EMG 信号是一种复杂的表皮下肌肉电活动在皮肤表面处的时间和空间上的综合结果，已被广泛地应用于肌肉运动、肌肉损伤诊断、康复医学及体育运动等方面的研究。通常，从相应屈伸动作的肌肉表面皮肤处所测取的多通道 EMG 信号，既可为控制假肢运动提供一个安全、非侵入的控制方式，同时也可用于人类运动和生物机械的研究。随着检测技术、信号处理方法和计算机技术的发展，研究如何从表面肌电中识别出肢体的多种运动模式已经成为康复医学界研究的热点问题之一。

（二）神经康复机器人的进展

最近几年，在机器人辅助神经肌肉康复（Robot-Aided Neuro-Rehabilitation）训练方面有相当多的研究并取得重要进展。美国麻省理工学院（MIT）、退伍军人部康复研究与开发中心、加州大学和西北大学等，都开展了大量研究工作。其中退伍军人部康复研究与开发中心，在已研制的五代生活助理机器人的基础上，又在康复机器人方面取得突破性进展，已进行了三代机器人的开发和试验。他们开发的第三代 MIME（Mirror-Image Enabler）机器人，可实现上臂被动运动和主动 - 辅助运动（即由患者发起运动，当患侧无力完成所选择的运动时，机器人进行辅助）。机器人的位置数据采集装置装在患侧或健侧的机械臂上。当装在健侧时，可通过主 - 从控制系统使患侧跟随健侧做对称运动。反之，则可记录患侧的运动，进行功能评定。对照试验表明，受试者肩部、肘部的 FM 指标和肌力明显高于对照组。麻省理工学院研制的 MIT-MANUS 机器人，采用了阻抗控制技术实现端点平缓和柔顺，用机械臂的末端引导患者手部运动，完成上肢有感康复训练，患者可进行自主运动，在不能达到预期运动时，由机器人导引。英国 Reading 大学在欧共体的资助下，开发了名为 Gentle/s 的上肢康复训练机器人。该机器人有三个主动运动自由度和三个被动自由度，医生根据所需要的训练处方，将规定的手臂运动模式（各种图形）输进电脑并显示在显示屏上。患者手臂的运动相当于鼠标，手臂需按规定图形运动，一旦离开规定图形轨迹，机器人将对手臂产生很大阻力。

国内对神经康复的工作主要集中在康复医学研究，中国康复研究中心、301 医院、广州中山医科大学、宣武医院等单位在康复药物治疗、康复训练手法等方面进行了较深入的研究工作。与工程结合的研究工作主要集中在少数工科性综合大学，研究内容主要着眼于康复训练器械的开发。其中，清华大学精仪系的研究工作较为深入。清华大学精仪系所开发的人体下肢康复训练车、神经伤残儿康复训练器、康复训练机器人等研究工作在国内处于领先地位，这些研究工作为进一步系列研究神经康复机器人产品技术奠定了较好的基础。

第二节　上肢智能康复训练辅具

一、智能上肢康复训练器

人体的上肢以灵活协调和技能性运动为主，偏瘫后不容易获得代偿，而且恢复也比下肢要差。因此，康复训练对上肢功能的恢复尤为重要。对脑卒中患者展开康复训练旨在采取一切措施预防残疾的发生和减轻残疾的影响，便于使脑卒中患者重返正常的社会生活。

（一）上肢康复训练对脑卒中患者的恢复有重要的意义

脑卒中患者能尽早开始康复，实用手可以恢复 20%~30%，辅助手恢复 30%~40%，完全废用的手则可以恢复 40% 左右。临床实践表明，尽早开展手功能的康复训练，不仅可以有效预防或减轻手指关节的痉挛，而且可以作用于脑部神经及血管，促进脑部损害的康复。

上肢障碍者人数逐年增加，这类患者面临的一个突出问题就是日常生活起居不能自理，需要专业的护理人员进行人工辅助。然而这种方式存在很多不足：效率低下，一名护理师只能对一名残障者进行运动辅助，并且受限于护理师的体力和精神状况；不能精确控制和记录运动参数（运动轨迹、速度、强度等），很难实现定时、定量辅助；无法获得残障者运动参数和生理信号及建立相关数据库，不利于辅助工程的系统化和科学化。

脑卒中发生后，患者原来在 1 岁以后就逐步消失的原始反射，由于失去了中枢神经的抑制而重新出现。以“同侧伸屈反射（刺激下肢近端屈肌可以引起同侧上肢屈曲反射）和交叉伸屈反射（刺激屈肌会引起同侧和对侧肢体的屈肌收缩）”为典型和常见表现，直接导致了脑卒中患者在痉挛期和恢复期进行下肢锻炼时，同时引起同侧上肢的屈曲反射。由于大多数脑卒中患者上肢已经存在了屈曲痉挛模式，因此，在上肢得不到保护的情况下，上肢的屈曲痉挛模式将进一步加剧。

目前，临床中对脑卒中患者除了常规的神经内科治疗外，会在患者住院治疗后尽早进行多种康复训练。康复锻炼的方式为主动运动和被动运动相结合，首要是进行主动运动。对于偏瘫较重的患者要进行意念运动锻炼，发挥患者的能动性，加之被动运动如按摩、针灸的手法，以待损伤的中枢神经系统恢复和重新建立功能。

在国外，针对脑卒中患者的上肢功能康复训练已经开始借助由计算机生成的虚拟现实环境进行相应训练。通过VR技术沉浸（Immersion）、交互（Interaction）和想象（Imagination）这三大特征，能实现游戏和治疗的结合，心理引导和生理治疗的结合，康复器械产生被动牵引和主动训练的结合，进而改变过去康复治疗过程中过于单调和枯燥的状况。

（二）上肢康复操作器

一般情况下，治疗师在治疗中无法同时兼顾到患者的上肢和下肢。因此，设计一种既能够关注到不同级别肌力和肌张力情况，同时又能协调手的抓握和释放能力的上肢康复治疗用矫形器，帮助治疗师完成对上肢的保护，在实现纠正错误姿势，抗痉挛的目的的同时，实现临床治疗效果的提升和治疗师的劳动力解放。

1. 康复操作器简述

康复操作器就是能够驱动的夹板，夹板用来支撑身体的某一部分，使其能够保持正确姿势。Correl 和 Wijnschenk（1964）在上肢夹板的关节处加入电机，开发出了最早的康复操作器。这个系统有四个自由度，用一个微型计算机控制。另外一个康复操作器是 Rancho Arm。这个系统也是使用上肢夹板，但是它有7个自由度，能够控制肩、肘、腕和手指部位的运动。每一个自由度的运动由一个双向的舌头控制开关控制。如果想要像正常人那样轻松地完成定位任务，很方便地拿到环境空间中的某个物体，就需要有多个关节相互配合，这种操作模式称为终点定位（end point positioning）。

2. 脑卒中患者上肢受力分析研究

脑卒中后上肢软瘫期、痉挛期和恢复期的变化主要受上肢、手部、甚至肩部肌力/肌张力动态变化的影响，客观地评估上述部位肌力/肌张力的动态变化过程，是康复治疗成败的关键因素。对脑卒中患者上肢不同时期、不同肌肉、不同肢体位下受力分布及肌电信号等数据的采集及再现。通过一定样本量临床数据的采集，建立并不断完善各种需要测量的指标，建立脑卒中患者上肢肌肉/骨骼数据库。根据数字模型，动态监控脑卒中患者上肢主要肌肉张力在不同应力和环境下的变化情况，以指导上肢功能训练。模型建立后，采集患者运动中的肌肉电信号、生物力学等进行动力学分析，比如协调的上肢屈伸、有效抓握和释放训练中，空间位置的变换、静态向动态的转换、精细动作中等肌张力的变化。跟据上述数据，使预防和治疗脑卒中上肢功能障碍矫形器的设计更加具有科学性和高效性。建立使预防和治疗脑卒中上肢功能障碍矫形器高效性的具体评价标准。

3. 上肢康复治疗用辅助器具现状

传统的上肢康复辅助器具主要包括：手指固定矫形器、腕背屈矫形辅器、动力性手矫形器、肘部矫形器、肩外展架。上肢辅助器具虽然分类 / 种类很多，但是相对分散，不具备整体性，很难实现脑卒中患者软瘫期良肢位的摆放，以及痉挛期既能够关注到不同级别肌力和肌张力情况，同时又能协调手的抓握和释放能力的上肢矫形器的康复治疗功能。改变脑卒中早期无辅助器具可用的空白，增强中期辅助器具的动力性治疗作用。

（三）机器人式上肢训练器

机器人式上肢训练器 robotic arm trainer，robotic assistance in neuro and motor rehabilitation，基于机器人技术设计制造的用于对上肢神经和肌肉系统进行康复训练的器械。

这些机器人通过给那些行动不便的人喂饭，以及做其他家务，使他们的生活更加独立。它们还可以通过视频会议或收集、整理家庭治疗数据，帮助医生对患者做出诊断。此外，它们还能帮助那些受了重伤或患有重病的人在行走时保持更好的平衡。

二、上肢康复机器人

（一）概述

脑损伤引起的手功能障碍的康复是一个国际性的难题。最新临床研究成果表明：①早期康复训练无法对脑中枢和手功能进行微量化的监测和实时动态功能补偿训练，致使总体疗效不佳，致残率居高不下；②脑功能障碍是脑损伤肢体瘫痪的原发病灶部位，脑功能早期的训练有助于康复效果的提高并能最大限度地开发脑功能和手功能的潜力，促使手功能得到最大限度的恢复。

手功能康复训练装置制造的核心技术是要针对临床特殊需求解决以下问题：①分级地诱导患者增强主动训练意识和能力，不仅有助于脑损伤患者早期呈现的肌强直、肌无力状态的改善，而且有助于促进脑功能的恢复；②对于肌无力的患者康复训练应能体现从被动、半主动到完全主动，循序渐进的康复训练模式；③ MEMS 柔性传感器阵列应能拾取手部运动域（主要包括手指抓握与伸展运动、对指捏取、三指抓取）中多关节的精细运动；④患者能清楚地知道自己的训练是否达到了预期的目的，患者是否有所康复的细微定量信息，即 MEMS 柔性传感器阵列能拾取临床不易观察到的静态力，从而增强其主动康复的自信心。

针对上肢功能临床康复训练的特殊要求，穿戴式上肢康复训练装备制造的核心技术可以解决以下问题：①康复训练中患者出现意外性肌痉挛所带来的破坏性效应；②作为柔性驱动元件的气动肌肉（PM）在运行过程中产生的弹性变形，对运动建模和控制策略提出的特殊要求；③在运动功能康复医学理论和病患机理的基础上，集中于“以患者为中心”的人机协同控制理论与实验研究。

针对国际市场唯一向临床提供的减重步行训练康复机器人存在的问题，着重解决以下问题：①关节采用电机 + 丝杠的驱动方式，致使关节不具备反向驱动性能；②目前采用平行四杆机构作为机器人腰部支撑和平衡装置，导致训练过程中，机器人整体前后存在串动；③只用角度和力进行反馈，没有患者生理信号的参与，进而影响康复效果。

在康复训练装备中，需要结合功能康复训练的关键要素，这主要体现在以下两个方面：①构建虚拟现实环境，在识别患者运动意愿和根据肌肉力对其运动能力进行评价的基础上，自适应调整装备对患者的辅助力。同时使患者能主动获知与运动功能相关的主要肌肉活动的时空模式，以增强患者主动参与运动训练过程的成就感；②神经功能性电刺激在使瘫痪或衰退的肌肉重建和功能恢复中起重要作用。通过康复机器人和功能性电刺激医疗技术的融合，使瘫痪或衰退的肌肉重建或恢复功能，进而达到治疗和功能康复与重建的目的。

上肢康复机器人帮助中风和上肢受伤的患者进行康复治疗。在上肢康复机器人领域，国外研究机构根据自适应能力控制算法，采用柔顺灵活的驱动方式初步实现了多级化智能控制，并根据交互式的生物反馈系统，采用多源信息融合方法建立了生动的虚拟现实环境，更加强调人机交互方式的多样化、人性化，同时强调可穿戴性、轻便舒适以及安全性，训练模式的仿生设计，鼓励患肢的随意运动。

上肢康复机器人最早出现在 1993 年，美国的 Lum P. S 等人研制了一种称作“手 - 物体 - 手”的系统（Hand-Object-Hand System）用于对中风后偏瘫患者的上肢进行康复训练。患者的双手置于两个夹板状手柄中，只可以进行腕关节的屈曲 / 伸展运动。患侧手在驱动电机的辅助下，完成双手夹持物体的动作。1995 年，Lum P. S 等又研制了一种双手举物的康复器具（Bimanual Lifting Rehabilitator），用来训练患者用双手将物体举起并移动的动作。患者双手握住手柄上举，系统可以在患侧手无法产生足够大的力时予以辅助，协助患者完成上举并移动的动作。

上肢康复机器人比较有代表性的研究有：瑞士苏黎世大学的 Nef 等开发的一种新型的上肢康复机器人 ARMin；美国麻省理工学院 Hogen 和 Krebs 等人研制的 MIT-Manus 康复机器人；瑞士 Hokoma 公司与众多世界知名的康复诊所、大学、研究中心共同开发的 Armeo 系统；意大利的 Tecnobody 公司专门设计了一套针对肩关节的评价和康复系统上肢多关节复合训练系统 MJS；Armeo 和 MJS 都形成了产品。

（二）国外上肢康复机器人应用实例

1. MIT–MANUS 的脑神经康复机器人

1995 年美国波士顿的研究人员的 Hogen 和 Krebs 等研制出一种称为 MIT-MANUS 的

脑神经康复机器人，并不断扩展其功能。能够帮助中风患者进行康复治疗，甚至对那些中风发生 5 年以上的患者也有效果。

该机器人的机械部分有三个模块：平面模块，手腕模块和手部模块，依次串联。平面模块牵引肘和前臂在水平面上做平移运动，并有一定的重力补偿，辅助患者的肩关节和肘关节进行活动；手腕模块提供了三个运动自由度，辅助患者的前臂和手腕关节进行活动；手部模块辅助手掌部分关节进行活动，训练抓握功能；整个系统采用阻抗控制以保证安全。训练时，MIT-MANUS 可以推动、引导或干扰患者上肢的运动，以提供不同的训练模式；可以采集位置、速度、力等信息以供分析；可以将运动状态信息显示到电脑屏幕上为患者提供视觉反馈。Hogen 等在该机器人系统上做了不少临床试验，并得出一系列结论：机器人辅助治疗不会给患者带来副作用；患者可以接受这种治疗方式；辅助患者进行运动训练可以促进脑神经康复，且将机器人辅助训练引入传统康复训练效果更好；改进的疗效在 3 年后仍然存在；中风三个月后，神经康复并未停止，仍在继续。MIT-MANUS 带有一个 30 英寸高的机械臂，可以与计算机屏幕相连接。如果，将中风患者的手臂与机械臂捆在一起，机械臂可以带动患者的肩部和肘部运动，在计算机屏幕上显示为光标移动。机器人能够像康复治疗师一样锻炼中风患者的手臂，这将有助于恢复患者由于中风而瘫痪的肩部和肘部的运动功能。该机器人有平面运动和三维空间运动两种训练模式，可以实现患者的肩、肘和手在水平和竖直平面内的运动。在治疗过程中，把患者中风的手臂固定在一个特制的手臂支撑套中，手臂支撑套固定在机器人臂的末端。患者的手臂按计算机屏幕上规划好的特定轨迹运动，屏幕上显示出虚拟的机器人操作杆的运动轨迹，患者通过调整手臂的运动可以使两条曲线尽量重合，进而达到康复治疗的目的。如果患者的手臂不能主动运动，机器人臂可以像传统康复医疗中临床医生的做法那样带动患者的手臂运动。用于被动训练时，受试者的患肢在机械臂的驱动下，按康复医师规定的训练处方和运动规律进行，运动规律显示在电脑屏幕上，为患者提供视觉生物反馈；机械臂带有过载保护装置，确保训练安全；机器人有反向驱动功能；用于主动训练时，患肢推动机械臂按规定训练模式运动；机器人提供阻抗控制和助力功能，可以适应不同训练阶段的需要。

研究人员用这种康复机器人对 20 名病史在 1 到 5 年的中风患者进行了试验。这些患者在中风后出现了中度到重度损伤，生活无法自理，他们在 MIT-Manus 康复机器人的帮助下，进行被动、主动或抵抗性锻炼，每周三次，每次持续一小时，共六周时间。试验结果显示，对于那些中风很长时间的患者，在经过六周的机器人辅助康复锻炼之后，其力量和运动功能改善 5%。而对于那些新近发生中风的患者，进行相同的康复治疗，其力量和运动功能恢复 10%。尽管只进行了 4 到 6 周的机器人辅助康复治疗，然而症状的改善到现在为止已经持续了 3 年时间。目前，这个研究小组正在研制开发能够帮助患者锻炼腕关节和手部的机器人。研究人员指出，这种治疗方法还可以用于脑损伤、多发性硬化症和其他神经系统疾患者的治疗。

2. ARM Guide 康复机器人

2000 年，David J，Reinkensmeyer 等研制了一款称作 ARM Guide（Assisted Rehabilitation and Measurement Guide）的康复机器人，用来辅助治疗和测量脑损伤患者的上肢运动功能。患者手臂缚在夹板上，由电机驱动沿直线轨道运动，轨道的俯仰角和偏斜角可以调整。在该系统上的实验表明，经过训练，患者瘫肢沿着 ARM Guide 主动运动的范围扩大了；患者运动的峰值速度得到了提高，肌张力降低；经过训练患者总体运动控制能力得到了提升。

3. Taizo 上肢康复机器人

锻炼身体有助于老人延年益寿，然而他们的锻炼方式和强度需要合格的健身教练给予指导。日本国立产业技术综合研究所研发的 Taizo 上肢康复机器人是机器人健身教练，可为为老年人提供私人指导。

大约 0.6 米高的机器人 Taizo 看起来更像个迷你雪人，其全身有 26 处关节，运动起来灵活性不亚于瑜伽大师。Taizo 能够帮助教授一些简单的健身课程，为了方便学员练习，大部分动作坐在椅子上就可以完成。Taizo 现在已经掌握了全套 30 个练习动作，它能将手臂拉得很开，而且能弯腰碰到自己的脚趾。特制的马达使它可以慢速、有系统地运动，让学员易于模仿，避免肌肉拉伤。

4. ReoGo 上肢康复机器人

ReoGo 上肢康复机器人用于上肢和手（0~5 级肌力）早期功能性的被动 - 助动 - 主动模式的康复训练。实验证明，大量重复的功能性目标导向运动能促进脑功能损伤患者大脑皮层的重组。ReoGo 上肢康复机器人正是基于此理论而设计，通过让患者投入渐进的、重复性的功能运动，进而达到肢体功能恢复的目的。

ReoGo 上肢康复机器人有六大亮点：①采用三轴 Forcell 技术的机器伸缩臂，可做目标触及训练、水平移动触及训练、向前触及训练、水平诱导训练等；②通过被动 - 助动 - 主动的形式，完成神经参与的目标导向的运动控制训练；③手腕支撑，为痉挛和肌无力患者提供了人性化设计；④具有互动 3D 图标训练模式和生物反馈功能，多种训练游戏，增强患者主动运动意识，提高患者训练兴趣；⑤精确的运动数据采集，病历自动存储，方便治疗师根据患者的状态、能力和目前功能恢复情况，制订个性化的训练方案；⑥智能机器人平台，减少人力参与，提高康复效果。

（三）国产上肢运动功能康复机器人

在我国，上肢康复机器人研究仍处于起步阶段。清华大学在国家自然科学基金的资助下，从 2000 年开始起即开展了辅助神经康复的研究，已成功研制了肩肘复合运动康复机器人、肩关节康复机器人和手的康复训练器等多种康复机器人，并于 2004 年初开始在中国康复研究中心进行临床应用，已经取得大量临床数据，并在陈旧性偏瘫患者的康复方面观察到初步效果。清华大学研制出二连杆机构的康复装置，哈尔滨工业大学设计了一种 5

自由度上肢康复机器人。

上海交通大学康复工程研究所研究团队，在国家科技支撑计划重点项目资助下，研制一款上肢偏瘫康复机器人，包含了人体上肢所有的 7 个自由度，整个机器人系统包括肩关节运动模块、肘关节运动模块、前臂和腕关节运动架和座椅模块、数据采集模块，传感器通过传感器基座安装在机器人的关节处采集患者的各个关节的运动信息，提供量化的训练数据供治疗师分析。康复运动训练时，患者坐于座椅的合适位置，调整座位高度，促使人体的肩关节对位于机器人肩关节的不动点。穿戴外骨骼机器人，调节上臂、前臂和手腕对应的机器人部位的长度到合适尺寸，设定需要的重力补偿弹簧伸长量，即可进行运动训练。

中国科学院研制的运动功能康复机器人状如人的手臂，当失去右臂的残疾志愿者命令它“握手”时，它便听话地握起了拳头。奇妙的是，这一过程不需要任何手工或声控操作，完全经由人脑意识控制。专家介绍，这种把人脑信号反映到机械臂里的先进技术，正是随心所欲操控大型机器人的原理。

三、手部康复机器人

（一）概述

1. 手部康复的需求

目前，我国正在走向深度老龄化。在老龄人群中有大量的脑血管疾病或神经系统疾患者，这类患者多数伴有偏瘫症状。此外，随着社会及城市建设的发展，交通事故、斗殴及建筑工地事故等导致的手外伤日趋增多，成为手部障碍的另一常见原因。

2. 手部康复训练对脑卒中患者的恢复有重要的意义

手部的康复效果评价是对脑卒中患者制订进一步康复训练计划的关键环节。传统的手功能评定包括主观评定和客观评定。主观评定包括：疼痛、外观、心理损害、重返社会、职业能力以及患者总的满意度。客观评定包括：解剖完整性、稳定性、活动性、力量和感觉。目前常用的客观功能评定仪器包括：用于运动评定的录像记录和电测角计、光电和电磁示踪仪、测量手套等；用于等张和等长收缩测定的测力计；用于测定手指灵巧性、协调性以及触觉的工作模拟器等。这些仪器都可以通过视觉反馈增强信号，因此，它们在运动、力量、日常活动和耐力缺陷的功能评定上可以提供更灵敏和可靠的信息，然而由于功能单一，需要多种工具进行组合评价，使评估过程复杂化，且占用患者时间长，容易引起患者的疲惫心理。

手部康复是中风患者康复训练的重要组成部分，手部功能的恢复不仅能够使患者具有基本的生活自理能力，亦可以解放出大量康复护理人员的生产力。国内外对于手部康复机器人都进行了一定程度的研究，并且有一些相关的注册专利。

3. 手功能的恢复借助康复训练工具会得到更好的恢复效果

目前市场上关于手的康复训练工具以进口为主，包括：以波浪式空气压力为动力的日本日东工器公司制造的 ROM-100A 型手康复装置和韩国 RELIVER RL-100 型手部康复训练仪；采用电机驱动的美国 Kinetec8091 便携式手部连续被动运动仪器等。国内的研究机构也研制了一些未市场化的训练装置，如，第一军医大学珠江医院研制的利用刺激电极对肌肉进行功能性电刺激的手功能康复仿生手套等。这些训练仪大都通过预先设置的程序对患者进行被动训练，不能与患者的主观意念相结合，且没有舒适的训练环境，容易引起患者的疲劳心理。

4. 机器人技术在手部康复治疗中的应用

患者在康复训练过程中，手部运动和感觉功能的评测是手部康复医疗的重要内容之一。在整个康复过程中，必须依靠对手部功能的正确评测来判定康复医疗效果。好的康复评价手段不仅可以准确地跟踪患者在康复过程中的康复效果，为临床治疗师制订下一步的康复训练计划提供数据来源与指导依据，而且，可以激发患者的康复训练兴趣，提高患者的参与热情，增强患者对功能康复的信心，进而促进整个康复过程顺利有效地进行。反之，不正确的评测方法会导致错误的治疗，从而严重地影响康复医疗效果。目前研究的穿戴式多自由度手功能康复机器人技术主要包含手部康复机器人的样机研制、患者的主动意图参入的协同控制、虚拟现实技术等。如果，技术能产品化，将可应用于手部康复机器人相关产品的设计和制造，其产品能辅助中风偏瘫手部手指关节运动功能的康复训练，解决康复医疗资源紧张和人工训练中存在的问题。

5. 人 – 康复机器人系统交互作用的数据分析以及康复评价

患者在康复训练过程中，手部运动和感觉功能的评测是手部康复医疗的重要内容之一。在整个康复过程中，必须依靠对手部功能的正确评测来判定康复医疗效果。好的康复评价手段不仅可以准确地跟踪患者在康复过程中的康复效果，为临床治疗师制订下一步的康复训练计划提供数据来源与指导依据，而且，可以激发患者的康复训练兴趣，提高患者的参与热情，增强患者对功能康复的信心，从而促进整个康复过程顺利有效地进行。反之，不正确的评测方法会导致错误的治疗，进而严重地影响康复医疗效果。

（二）国内外发展现状

随着机器人技术发展推广，康复机器人研究应用也逐渐成为社会的焦点。西方发达国家的研究人员利用机器人技术在辅助患者上肢运动康复训练方面已经取得了很大的成就，相比之下国内的上肢康复机器人系统的研究应用起步较晚，成果比较少。

1. 国内外手部康复机器人研究进展

康复机器人技术在欧美等国家已经得到了科研工作者和医疗机构的普遍重视，也取得了一些有价值的成果。2006 年 Tobias Nef 等人研制了基于虚拟现实技术的上肢康复医疗机器人 ARMln。Rutgers 大学和 Stanford 医学院在基于虚拟环境的远程康复机器人系统方面做了大量的工作。

国外一些研究机构针对手功能障碍患者研制了多款手功能康复机器人，并且取得了一定的研究成果。例如，由美国 AbilityOne 公司设计，用于手功能康复的连续被动运动（Continuous Passive Motion，CPM）机以及 Rolyan 公司的手功能康复 CPM 机，其穿戴性好，结构简单，然而只能实现单关节的康复运动，对多个关节同时进行康复治疗时则不能实现对多个关节的精确控制，并且采用电机驱动，柔顺性不好。美国新泽西州立大学开发的 RM Ⅱ -ND Hand Master 采用气动肌肉驱动，但其类似手套形式的穿戴结构，非常不适合中风偏瘫的患者穿戴，而且手掌内安置的气动肌肉使得手指运动范围受到了限制。

国内的“863”计划、国家自然科学基金等资助的高校和研究机构也大多是针对上肢的肩、肘等关节的康复机器人的设计和控制上，其主要原因是由于手指结构精细、尺寸较小，对机械结构和控制的设计提出了更高的要求，相比用于肩、肘等大关节的康复机构设计，更具有挑战性。清华大学研制了一种上肢康复设备 UECM，可以在平面内进行两个自由度的运行训练。

2. 智能假手臂康复训练器

通过机械手带动患者的手臂在水平面运动，实现对手臂各个关节的运动训练、肌肉的锻炼以及神经功能的恢复训练。具有主从方式、主动方式和阻尼方式等三种工作方式，训练速度、动作的幅度和驱动力可以根据患者要求随时调整，适用于偏瘫患者、外伤患者的运动康复训练，也可以用于体弱者和老年人的体育锻炼。

一项研究显示，机器人通过按预先设定的不同方向活动患者手臂，能够帮助中风患者改善手臂和肩膀的活动性。日本神奈川北里大学东医院的研究人员在美国中风协会举行的国际中风研讨会上公布了这项研究发现。在该研究中，40 位近期中风发作的患者每天接受一位职业治疗师进行标准治疗，这些患者中 32 位同时接受机器人治疗，而其他人则进行自我训练。最终研究人员发现接受机器人治疗的患者康复程度超过后者。

（三）虚拟现实技术脑卒中患者的手部康复

研究表明，如果能够在训练过程中提供多种形式的信息反馈，充分发挥患者的主观能动性，将会使康复训练效果得到很大提升。虚拟现实是一种新兴的并且迅速发展的技术，它的主要特点是：利用计算机和传感技术生成一个具有多种感官刺激的虚拟境界，这种虚拟境界可以使人产生一种身临其境的感觉；人能以自然的方式与虚拟境界中的对象进行交互。将虚拟现实技术应用到康复医疗领域，可以有效地解决现有的康复医疗方法的局限性。建立人 - 机器人混合系统的运动学和动力学模型，在运动意图模型基础上，集中以“以人为本”的人机协同控制理论与实验研究，同时构建虚拟现实的环境，充分发挥患者在康复训练过程中的主观能动性，利用智能控制算法，实现患者与机器人自适应交互协同控制。

1. 基于虚拟现实技术使患者能主动获知与手部运动功能

虚拟现实技术开始应用于脑卒中患者的康复治疗和评估中，并取得了一定的成果。基于虚拟现实技术使患者能主动获知与手部运动功能相关的主要肌肉活度的时空模式，以增强患者运动训练过程的兴趣和成就感。建立康复治疗的沉浸式虚拟环境界面，通过计算机游戏激发患者进行训练，提供友好、简便易用的人机接口，便于机器人和患者间的交互，尽可能减轻运动训练中患者的疲劳感，提高患者康复训练的积极性和主动性，同时易化患者训练过程中训练效果，将运动评价以简单、生动的形式表现给患者，使康复机器人更趋人性化。

虚拟现实技术采用以计算机技术为核心的现代高科技生成逼真的视、听、触觉一体化的特定范围的虚拟环境，用户借助必要的设备以自然的方式与虚拟环境中的对象进行交互作用、相互影响，进而产生“沉浸”于等同真实环境的感受和体验。大量研究结果表明，脑卒中患者在虚拟环境中进行康复训练后，不仅对训练过的任务能力会有所提高，对未训练的任务在虚拟环境中的完成情况也会有明显改善，并且还能将学习获得的运动技能转移到现实世界的真实环境中，使得手完成任务的能力和功能评价都有所提高。

2. 虚拟现实环境下手功能的训练

在手的康复训练中引入虚拟现实技术，不仅可以模拟实际场景，使患者尽快熟悉环境，而且可在脑卒中患者训练前、训练中和训练后对手功能进行客观的评定，如，关节活动度、肌力、速度和分离程度等，以实时地调整训练计划和强度。手功能康复中应用的虚拟现实操作系统主要包括计算机、头盔、数据手套和力反馈控制手套等组件。

3. 数据手套

数据手套是虚拟现实系统的重要组成部分，是一种通用的人机接口。其直接目的在于实时获取人手的动作姿态，以便在虚拟环境中再现人手动作，达到理想的人机交互目的。数据手套通过安装在手套中的传感器来检测角度和手势变化，包括直接测量和间接测量两种方式。采用直接测量方式的数据手套包括：采用光纤传感器测量手指的弯曲角度的5DT Data Glove、Cyber Glove、Shape hand数据手套；在手套内的柔性电路板上铺盖特殊的油墨电阻检测手指关节变化的Super Glove；采用主动式光学动作捕捉方法检测手指位移的PS数据手套等。采用间接测量方式的数据手套包括：采用霍尔器件测量手势的Dexterous Handmaster、Rugster Master；Koyama设计的采用编码器测量手势的数据手套等。其中采用光纤传感器的数据手套只能测手指关节的位置变化而不能测量整个手掌的位移。

4. 力反馈数据手套

在传统数据手套的基础上设置了被动力反馈装置，当操作者戴上这种手套抓取虚拟物体时，力反馈装置根据远程机械手传递回来的力信号产生一个阻尼力，阻止手指作进一步的抓握运动。这个阻尼力的大小和方向将与真实物体存在时对手指产生的作用力的大小和方向相同，感觉好像抓握了真实物体一样。目前市场上的产品以 Cyber Grasp 占主导，然而其重量较大（350g），一定程度上影响了手的灵活程度。其他研究机构设计的力反馈数据手套主要有日本田中设计的由波纹管驱动的 fluid power glove、美国 Burdea 设计的由 4 个微型气缸作为驱动器的 Rutgers master glove 及美国 Bouzit 设计的由力矩电机驱动的外骨架式 LRP 数据手套。目前的力反馈手套只能提供持续的阻尼力，并不能使手进行被动运动。

5. 卒中患者上肢功能评价的数据手套

该手套由手套骨架、运动检测标志点、三维位移检测系统及配套软件组成。可对患者各手指关节的活动角度、分离运动和伸缩速度等运动学参数进行实时测量，对脑卒中患者上肢功能进行评价，同时还可与虚拟环境中建立的手模型进行交互，进而在虚拟环境中进行任务测试和训练。

虚拟环境是在广泛调研和前期积累的基础上，根据脑卒中患者手脑协调和运动控制的机制和特征，设计相应的测试和训练任务，并在虚拟环境中实现。让患者戴上手套通过各种虚拟作业，进行上肢功能的评价和康复训练，并且比较执行各种训练策略后上肢功能的指标变化，以及分别在同样的虚拟环境和真实环境中完成各种日常任务的能力的差异；从而为以后各种康复训练方法的设计和实现搭建有效的评价平台，为临床上获取最有效的康复训练方法提供量化依据。

第三节　下肢康复机器人

为了改变下肢康复训练中单纯依靠治疗师手把手进行训练的状况，实现提升康复训练效率、改进康复效果的目的，20 世纪 90 年代中开始，国内外（主要是美国）的一些神经康复研究机构尝试将机电设备引入下肢偏瘫康复训练中。

一、下肢康复和机器人技术

恢复、提升骨关节疾病患者、脊髓损伤、脑血管疾病患者的下肢运动能力，是骨科及康复医师的最高追求和理想；恢复日常独立生活能力，不再成为他人的负担，是患者重拾尊严、重新回归社会、享受美好生活的最根本要素；解决此类慢性疾患带来的下肢功能障碍，减轻家庭成员照料负担、降低长期高额医疗费用支出，是缓解国家和家庭经济负担、减少社会矛盾的最重大需求。

（一）概述

1. 下肢功能障碍患者数量巨大

在下肢功能障碍患者中，约 90% 是由骨关节疾病引起的。而另外两个主要引发根源则是脊髓损伤和脑血管损伤。其中，大量存在的下肢骨关节疾病，其疼痛和功能障碍所导致的劳动力丧失，严重性相当甚至大于心脑血管等疾病。关节疾病虽不致命，但给患者带来长期疼痛痛苦，严重的使患者丧失行走、劳动能力，甚至致残，使患者需要在他人照顾下生活，生活不能自理，极大影响了患者及其家人的生活质量。此外，常年卧床更使骨关节疾病患者机体功能迅速衰退、并带来各种并发症，导致恶性循环。世界卫生组织把它定性为，致残率最高的头号疾病，不死的癌症。从 1991 年至今的 30 年间，中国骨关节疾病的发病人数不断攀升。尤其是我国 60 岁以上的老年人，就有 55% 的人患有该病。随着中国逐渐进入老龄化社会，以及中国人平均寿命的延长，现约有 1.2 亿人正在经受着骨关节疾病的折磨。并且在未来 20 年内，这一数字还会增加。脊髓损伤则主要由交通事故和高楼坠落等原因造成，它是严重影响人类健康和生活质量的重大疾病之一，其直接后果轻则使损伤者行走能力减弱、重则使损伤者瘫痪，在轮椅上度过一生。脑血管疾病是神经科的常见病和多发病，其最严重的后遗症是偏瘫。对于偏瘫侧的感觉功能障碍、肌肉控制模式异常引起的行走障碍，目前尚缺乏有效的治疗手段。据最新统计显示，中国现有脑血管疾病患者 1200 万人以上，平均每 10 秒，我国就有 1 人初发或复发脑卒中，每 28 秒就有 1 人因脑卒中离世，且发病率还在以 10% 的速度上升，若不加控制，到 2030 年，全国将有 3100 万中风病人。为此，解决或缓解这类病患人群的痛苦，重新还他们如常人般的轻松自如行走、能自我照料的有尊严生活，将会使更多的患者与家属及家有老年人的人群受惠。

2. 病患人群目前带来的医疗费用及社会负担

对于骨关节疾病 1.2 亿的庞大患者人群，若其医疗费用支出以人均 1000 元 / 年计算，每年共需花费 1200 亿元的医疗费用；而近年我国每年用于脑血管疾病直接经济支出的约 300 亿元中，便包含有存活者的大量康复治疗费用；此外，脊髓患者治疗的费用，每年多达 1200 亿元以上的巨额医疗费用，在给病患家庭造成负担的同时，更给国家尤其是医保管理部门造成了巨大的经济负担和压力。此外，对这个巨大残障人群常年的照料，也需要其更多家庭青壮年或社会人员付出很多精力和时间，给社会增添了额外的负担。对于骨关节疾病非常严重者（仅占骨关节疾病患者 20%），可通过置换人工关节等手术永久性治愈。但由于缺乏完善的术后康复方法，术后康复过程非常痛苦，使大多数患者产生恐惧，不愿通过这种方法进行治疗；对病情较轻或病情严重但无法手术的患者，目前的治疗方法如肌肉功能锻炼、药物治疗、休息减少活动等均具有较大的局限性，且如果患者无法通过治疗获得行走能力的提高，则日积月累下，废用性综合症带来的一系列问题将大大地降低患者的健康水平，使这些患者后半生处于失能、失趣的不良状态。脊髓损伤患者则由于下肢感觉功能丧失，无法收集运动中的信息供神经系统使用，因此，无法控制身体姿势，导致无法站立、丧失身体的平衡能力，因此其行走能力最难恢复，现有针对截瘫的康复方案均不理想。另外，脑血管疾病所导致的患者偏瘫，虽可以通过一对一康复训练或借助结构简单的半自动的康复训练机械帮助患者进行运动训练，康复效果良好，但这种训练方式存在如下问题：

（1）一名治疗师同时只能对一名患者进行一对一的徒手训练，致使医疗人员工作负担重，难以实现高强度、有针对性和重复性的康复训练要求；

（2）治疗效果多取决于治疗师的经验和水平；

（3）康复医生和技师人员严重匮乏，导致不能对每一个病患进行及时的训练；

（4）不能精确控制和记录训练参数（运动速度、轨迹、强度等），不能够实时定量监测治疗效果，不利于治疗方案的确定和改进；

（5）康复评价指标不够客观，不利于对患者康复规律的深入研究。

3. 国外下肢康复机器人的研究进展

20 世纪 60 年代末期，前南斯拉夫贝尔格莱德大学即开始了帮助截瘫患者的外骨骼机器人研究，但是，要使这套外部骨骼合理助人行走而不给人带来伤害与行走障碍，则需融合传感技术、材料科学与技术、控制技术、能源技术、微驱动技术、信息技术等多门现代学科，并基于合理的机构架构，综合实施控制才能成功实现。由于其对医疗及军事非常重大的意义，从 20 世纪 60 年代起，尽管受各方面落后技术的限制，一些先进国家的政府也一直未放弃在这方面投入的想法。直至 21 世纪初，在上述各项技术均有了长足的发展，可为外骨骼辅助行走机器人的成功实现提供有力的支撑之时，美国、俄罗斯、日本、以色列、韩国、荷兰、瑞士等国立即投入经费支持该方面的研究。然而由于外骨骼辅助行走机器人是一个非常复杂的人机智能耦合系统，因此，成功者较少，用于行走有障碍或瘫痪患者康复的成果主要集中在美国、日本等国。

下肢康复机器人是典型的机电一体化系统，下肢康复机器人技术是国际前沿技术，它的历史虽然很短，但发展的速度却很快，近年来不断有新的研究成果出现。对康复机器人关键技术进行研究，对于跟踪机器人国际前沿技术，完善和发展康复机器人理论具有重要理论价值。这对于提升腿部机能损伤患者的康复质量、帮助患者自行康复训练、减轻社会负担具有重要的实际意义。下肢康复机器人的成果转化将会带动一个新的机器人产业的发展。

下肢康复系统比较有代表性的研究有：瑞士 Hocoma AG 研发的最早用于临床的悬挂式康复机器人 Lokomat、德国的 LokoHelp、日本筑波大学研制的 Robot Suit HAL、瑞士 SW0RTEC 公司研发的一种世界上最先进下肢康复机器人 Motion Maker、日本安川电机公司研制的下肢康复机器人 TEM LX2 type D 等。

4. 下肢康复机器人的关节运动范围

下肢康复机器人的运动学和人体的运动学相近，因此，人体下肢关节的运动范围决定了下肢康复机器人的关节运动范围。下肢康复机器人的关节运动范围至少要和人体行走时关节范围一致。为了安全，机器人的关节运动范围一般要小于人体关节运动范围的最大值。

参考人体下肢各关节的运动角度，使用者是下肢需要康复的患者和各关节在行走状态的最大值，具体数值见表 6-1。

表 6-1 各关节的运动范围（°）

关节活动形式	人体行走最大值	机器人关节取值	人体关节活动最大值
髋关节向前伸展	32.2	45	119
髋关节向后伸展	-22.5	-30	-70
膝关节向前伸展	0	0	0
膝关节向后伸展	-73.5	-80	-136
踝关节背曲	14.1	30	46
踝关节跖曲	-20.6	-30	-43

注：各关节的零度位置是：人体双脚并立，垂直站立。

人体下肢的灵活度很高，关节比较复杂。下肢运动关节主要包括髋关节、膝关节、踝关节 3 个部分。髋关节是球窝关节，它的活动形式有 3 种，分别是向前伸展 / 向后伸展（hip flexion/extension）、侧向内转 / 外展（hip duction/adduction）、和向内外扭转（hip rotation）。膝关节有向前伸展 / 向后伸展（knee flexion/exten¬sion）和侧向内转 / 外展（hip abduction/adduction）两种活动形式。踩关节有背 / 跖屈（ankle plantarflexion/dorsiflexion）、侧向内转 / 外展（ankle abduction/adduc-tion）、向内外扭转（ankle rotation）3 种形式的运动。

5. 目前国产高技术专业下肢训练辅助设备稀缺

针对绝大多数的下肢功能障碍患者，目前尚无有效的临床康复方案。尽管也有相关的临床希望康复手段提出，但目前并未有能很好地设备和方案能实现这些要求，急需要利用新技术、新方法和先进手段，研究、实现一种能帮助这些患者安全、及时、合理定量、有效、可进行重复训练的智能康复训练设备。相较于传统的半自动康复训练机械，下肢康复机器人通过穿戴在患者下肢外部，结合医学理论并融合传感、控制、信息获取、移动计算等机器人技术，以全智能的控制方式，为各种状态（不同损伤状态、不同恢复状态、不同年龄和不同身体特征）的康复穿戴患者在康复台架上训练或在任意地点意图 / 试图自由行走时，提供定量的准确合理助力、正确步态引导、全方位保护、身体支撑等功能，进而使患者在医院或家中能进行科学而有效的康复训练，使患者的运动机能得到更快更好的恢复。智能康复辅具系统在提高穿戴者的力量、耐力和速度等许多方面都具有优势，是典型的人、机、电一体化系统。目前利用下肢康复机器人评估、重建和提高下肢功能障碍患者肢体运动肌灵活性使其康复的研究已成为国内外的热点研究课题。该方面的研究不仅大大推进了康复医学的发展，也带动了相关领域新技术和新理论的发展、应用。然而，目前我国关于穿戴式下肢智能康复辅具系统的产业化应用研究几乎未见，三级甲等以上医院虽然设有康复治疗专科，但高技术专业训练辅助设备几乎一片空白，患者的康复效果受到很大的制约。国外的各大科研机构、商业及企业均盯着我国广阔的市场，北京市的多家康复器械矫形器厂即已被国外企业注资、投资，抢占我们具备而未能拥有的市场资源。

（二）国外下肢智能康复训练设备主要成果

在过去的 20 年中，国外已相继研制出一些偏瘫康复训练设备并进行了临床实验，得到一些令人鼓舞的研究结论，目前美国、欧洲以及日本等国政府已经投入巨资进行基础和产品化研究工作，欧洲关于下肢运动功能主被动训练的智能化机电康复设备已经走向了市场。

1. 悬挂式康复机器人 Lokomat

瑞士 Hocoma 公司研发了一款称作 Lokomat 的悬挂式康复机器人。Lokomat 通过直接安装在动力装置上的力转换器增加了测量患者活动能力的功能，而且可以使步态援助水平得到调整，致使导引力从零到最大范围进行调节，以感应不同使用者腿的锻炼，主要是帮助脑卒中和截瘫的患者训练行走，它主要由步态矫形器、先进的体重支援系统和跑步机组成，患者踩在 Lokomat 的跑步机步道上，用皮绳圈作为重力补偿来托住患者的身体，通过滑轮向上提皮绳来平衡患者的体重。患者的双腿绑在外骨骼上，他的个人体型参数，如，臀部宽度、臀到膝、膝到脚踩的长度，被记入计算机来调整机器人设置，为患者提供最舒适步伐的依据。Lokomat 结合活动平板训练模式，改变传统卒中或者截肢患者人工康复训练模式，减轻了理疗师的工作强度，确保了康复训练的质量，提高了训练效果，为治疗师提供了更为全面的评价指标。此外，完整的生物反馈系统监测患者的步态并且提供即时视觉化的运动反馈以提高患者训练的积极性。

2. 美国德拉华大学研制了 3 款下肢康复机器人

它们分别是重力平衡下肢矫形器 GBO、主动下肢外骨骼 ALEX 和摆动辅助外骨骼 SUE。重力平衡下肢矫形器是为轻度偏瘫者设计的，采用弹簧结构和平衡重力的方法来辅助受训者行走。主动下肢外骨骼是为有行走障碍者用于步态康复的机器人，它采用了一种“force-field”控制算法，可以在受训者的腿上施加合适的力帮助患者走出预期的行走轨迹，摆动辅助外骨骼是用来辅助关节转到不完全的脊髓损伤患者进行关节摆动训练的机器人。

3. 德国开发新型康复机器人“触觉行走者”

德国柏林自由大学和柏林慈善医院等机构研究人员共同开发一种名为触觉行走者的康复机器人，能帮助中风患者锻炼下肢，早日恢复行走。它主要由两块人脚大小的机械板组成，机械板与电脑相连。如果，将中风患者的两脚固定在两块机械板上，它们就可以带动患者的下肢进行平地行走以及上台阶等模拟训练。对恢复较快的患者还能提供模拟蹬自行车和滑雪的训练。据统计，德国每年大约有 20 万名中风患者，其中 70% 的患者行走困难。研究人员说，这种康复机器人能像康复治疗师一样帮助中风患者锻炼腿部肌肉，使患者早日站起来行走。

4. 练习重新学习行走的“黄牛帮助”训练与平衡系统

帮助练习重新学习行走的新型机器名叫“黄牛帮助”训练与平衡系统，由芝加哥康复研究所同一个私人公司联合开发，有了它，医生们只需要看着患者们一天天地康复，再也不用担心他们会摔倒。这个重 500 英镑的机器人靠轮子行进，可以跟着患者行走，还有一根带子与患者相连，患者不小心绊了一下，机器人可以立即提供保护，防止患者摔倒。

开发出“黄牛帮助”机器人的芝加哥 PT 公司的大卫·布朗以一个 65 岁的中风患者的使用实例介绍说：“按传统治疗法，必须有人扶着他、抓牢他，可是，这又限制了患者的行动。”那些使用“黄牛帮助”的患者则可以在泡沫座垫上寻找平衡感，可以伸手抓前面的球，甚至可以在钢丝绳上行走。布朗说：“它把你拖来拖去的，有点类似我们平时乘公交车或地铁。”

5. RISER 康复机器人

针对训练中风患者重获平衡功能的物理康复治疗设备需要患者有足够的力量自己站立，而这却让他们面临着更多摔倒和受伤的风险。加拿大英属哥伦比亚大学研发了 RISER 康复机器人，亦称康复理疗助手，采用一种让人身临其境的训练方式协助患者身体复原。其工作方式是唯一可以模拟多种不稳定环境同时完全支撑住患者身体，帮助中风患者重新获得平衡感的康复治疗辅助系统。患者脚踏平衡板，背靠支架，站在一个可以朝 6 个方向移动的平台上。戴上一副能够与平台同步工作的虚拟现实的眼镜，患者就可以在引导下体验不同的模拟场景，比如，搭乘上行的自动扶梯或者玩帆板运动，并通过逐步尝试更具挑战性的平衡动作，来加速康复进程。RISER 的平台也是了解人体平衡时的神经生物学的一个有力研究工具。当患者站在平台上，体验着从前经历过的骑乘感受时，连接在其头皮上的电极可帮助科学家深入了解大脑的不同区域是怎样响应这种体验的。

（三）国产下肢康复训练设备

相对于国外的研究，国内在面向老年人群、残障人群的智能型康复辅具产品的研究起步较晚，然而随着我国经济、科技的发展以及对上述产品的需求，国家和科研人员对相关研究更加重视，一大批专家和科研技术人员投入到该领域的研究，也取得了一些有益成果。

在下肢康复机器人领域，国内研究机构在新型机构设计、控制策略、柔顺驱动和控制、人机交互、虚拟现实、生物反馈自适应等方面都有了较大突破。哈尔滨工程大学的研究成果有仰卧式下肢康复机器人、多功能助行机器人等。

1. 截瘫患者行走训练系统

2011 年清华大学、河北工业大学和国家康复辅具研究中心等产学研用研究团队完成的截瘫患者行走训练系统突破了关节反向驱动和腰部随动机构、运动轨迹规划及髋膝关节协调控制等关键技术，设计了根据患者身高自动生成步态轨迹的智能多关节协调运动控制系统，帮助截瘫及其他下肢运动功能障碍患者进行行走训练，进而恢复其行走功能。

2. 下肢残肢功能综合训练系统

2011 年国家康复辅具研究中心和清华大学等产学研用研究团队完成的，拥有自主知识产权的数字化下肢残肢功能综合训练系统由两种产品组成，一种为数字化髋关节训练器，以训练大腿截肢者为主，采用站立式训练方式。用于大腿截肢者进行髋关节屈、伸和外展、内收等主动训练，可使残肢髋关节活动范围达到屈曲 0~120 度，伸展 0~30 度，外展 0~40 度，内收 0~35 度；一种为数字化膝关节训练器，以训练小腿截肢者为主，采用坐式训练方式。用于小腿截肢者进行膝关节的屈伸训练，并可完成主动训练和被动训练的切换，可使残肢膝关节活动范围达到屈曲 0~135 度。下肢残肢功能综合训练系统突破了传统的重锤式方式，阻尼输出采用磁粉制动器技术，实现了大范围的调节。系统的界面控制采用了触摸屏、DSP 技术等智能技术，更便于操作。髋、膝关节训练器运动机构主体结构设计满足下肢截肢患者达到训练最佳运动量和最佳运动幅度，机构设计满足大腿截肢和小腿截肢对关节运动和增强肌力运动的不同要求。临床验证表明新型训练器械能够加大截肢者关节活动度，增强肌力，受到下肢截肢者、康复训练机构以及临床医院骨科的欢迎，填补了截肢者康复训练器械空白。2011 年 3 月 9 日，在北京国家会议中心召开的“十一五”重大科技成果发布和推介会。在生物医药重大科技成果分场推介会上，课题组介绍了“下肢残肢功能综合训练系统”课题的研究成果，并回答了会上各企业、医院、高校等相关人士的提问。

二、机器人辅助行走训练器的应用

（一）概述

机器人辅助行走器是帮助因脑卒中、脊髓或大脑损伤、神经或骨科疾病引起下肢行走障碍的患者进行步态训练的设备。患者身体由背带悬吊起来、下肢通过绑带与机器腿固定在跑台上行走，行走时为生理步态。计算机控制步速并且测量患者运动时身体反应。

行走的准确机理目前还不明确，然而确信重复步态训练有助于脑部及脊髓协同工作，帮助患者另建经外伤或疾病损伤的神经通路。目前的治疗方式是两位甚至更多治疗师人工移动患者的双腿。然而体力繁重和人工方式的易变形限制了治疗的次数和时间。依靠机器人辅助的步态训练，机器承担了大量的繁重工作，步态及步速在整个训练过程中都很一致，并且训练可持续更长时间。

（二）机器人辅助行走训练的使用对象

机器人辅助训练的首要目标是重新获得并改善步行能力，因此，对于由脑外伤、脑卒中、非完全性脊髓或神经或骨科疾病（如多发性硬化或髋骨移位）引起下肢行走障碍的患者非常适合。其他可进行机器人辅助训练的标准为：患者应该下肢具有感觉，并且至少一处主要肌肉群可运动。除了训练大脑和脊髓，机器人步态训练还有助于伸展肌肉，并且改善循环。此外，训练时的自然体态也有助于预防因缺乏运动而引起的骨质疏松症（因缺钙而引起骨骼易脆易断）。训练方案应经医师评估患者情况后确定。

（三）机器人辅助步行训练处方

机器人辅助步行训练的有效性根据个体有所不同，因此患者应保证最少每次 30 分钟的训练，每周三次，持续四到八周，并且要进行定期评估以确定是否需要进一步的训练以达到最佳效果。

（四）机器人辅助步行训练的实例

杰娜·富尔顿在 2004 年 10 月肩部受了枪伤。当时她脊骨严重受损，两只腿也失去了感觉，医生们都担心这位年仅 35 岁的妈妈再也站不起来了，而她还有两个孩子。由于害怕跌倒，富尔顿在进行加强肌肉锻炼时总是很紧张，物理治疗师将她架起来，移动她的双腿，教它们如何走路。后来，她被送到“洛克马特（Lokomat）”身边，它是瑞士开发的一种康复机器，它将富尔顿的身子悬起来，用带子牵引富尔顿的腿做出正常的行走姿势。刚开始时，所有的事都需要机器帮忙，但当富尔顿逐渐复原，用机器推着她行走，她行走的姿势是否正确，都在显示器显示出来。富尔顿一边摇摇晃晃地走过会议室，一边说：“我知道我会恢复的，但没想到恢复得这么快。”除了减少了需要治疗患者的临床医生的人数，患者有了这些机器就可以更长时间的训练。根据传统治疗法，患者接受一次治疗不会超过 10 分钟，因为治疗师需要付出很大体力，时间太长，治疗师坚持不了，而机器人刚好解决了这个问题。

三、下肢康复训练机器人的设计要点

（一）下肢康复机器人的训练方式

下肢功能性康复有多种治疗方式，一种是由专业人员来调整力量和速度来达到患者的要求，另一种方式是由器械来完成训练工作，可以在恒定低速状态下对患肢进行重复训练。下面介绍两种常用的物理疗法。

1. 主动方式

患者主动运动，机械下肢提供一定的阻力。机器的速度与患者的运动速度之间是恒定的比例关系，通过调节比例关系可以调整训练强度，机器的运动滞后于患者的运动。这种运动方式主要是用于巩固阶段的患者，或健身人员。

2. 被动方式

机器人带动患肢以设定的运动方式运动，不考虑患肢的阻力，通过重复训练达到恢复和保持肢体运动功能的目的。这种运动方式用于康复阶段的患者，运动速度较低。

机器人采用不同的控制方法可以实现主动或被动方式，康复训练时应根据患肢的状态选择。

（二）下肢康复训练机器人的原理

下肢康复训练机器人可以模拟正常人的行走的步态、踝关节的运动姿态以及重心的运动规律，带动下肢做行走运动，实现对下肢各个关节的运动训练、肌肉的锻炼以及神经功能的恢复训练；通过获取脚的受力状态、腿部肌肉状态和下肢关节状态等人体的生物信息，协调重心控制系统和步态系统的运动关系，促使之与人体运动状态相协调，获得最佳训练效果；能够使患者模拟正常人的步态规律作康复训练运动，锻炼下肢的肌肉，恢复神经系统对行走功能的控制能力，达到恢复走路机能的目的。下肢康复训练机器人由步态控制系统、姿态控制系统、重心控制机构等部分组成。下肢康复训练机器人涉及机器人运动学、机器人动力学、机械结构设计、电机驱动伺服控制技术、硬件以及软件设计、人机学、康复医学等多种学科技术。随着康复机器人技术的不断发展，示教再现、生物反馈、医疗诊断等技术将逐步引入下肢康复训练机器人设计中，以提升机器人对不同患者的适应性。

（三）下肢康复训练机器人设计要点

1. 自由度的设计

每一条腿有 7 个自由度，想要设计出一个能够完成下肢各个关节的康复运动的机器人非常难。考虑到有些关节运动消耗的能量小和结合康复医学的相关知识，确定 3 个自由度：髋关节的向前伸展、向后伸展，膝关节的向前伸展、向后伸展，踝关节的背曲和跖曲。总体结构有两条腿和一个减重机构共 7 个自由度。

2. 驱动器的选择

驱动器一般选择直线气缸。由于由传统的电、液驱动的马达或液压缸驱动结构复杂，所需能源的消耗较大。考虑到安装和运动的方便，可采用圆形气缸。

3. 关节结构的选择

各个关节均为旋转关节。滚动轴承传动有摩擦阻力小、功率消耗少、启动容易等优点，可以充分利用气缸所做的功，减小机构体积。

4. 连杆结构的选择

作为下肢大小腿的连杆机构既是传动装置又是执行装置。连杆的长度精度要求较高，若大腿连杆或小腿连杆长度与使用者大腿或小腿长度不同，将会导致两者髋关节轴线、膝关节轴线和踝关节轴线不同轴，这会直接导致两者在运动状态中出现运动干涉现象，两者偏差较大时，整个人—机混合系统将无法正常工作。因此，在进行大、小腿机械连杆设计时，把连杆设计成长度可调节的结构体尤为重要。

连杆结构的优点：一方面，可避免出现实验对象单一化，扩大使用对象；另一方面，有利于关节同轴度的调整，避免运动干涉现象。

设计连杆要注意的问题：一是承载能力。连杆不仅是传动装置，而且也是执行装置，要考虑连杆自身重量、气缸的重量和实验对象（人体下肢各段）的重量；二是刚度。为防止连杆在运动过程中产生过大的变形，进而影响到机器人的定位精度，因此，刚度必须满足要求；三是要重量轻、转动惯量小。为提高机器人的反应速度、降低能耗和节省材料，要尽量减少其自身特别是运动部分重量。

5. 腰部结构设计

腰部结构主要为患者腰部提供支持和下肢与框架的链接。腰带一方面可以对机械髋关节进行固定作用，另一方面在人行走过程中，当一只人机混合腿抬起时，即其处于摆动期时，其机械腿的部分重量可通过钢制腰带转移到另一只处于支撑状态的机械腿上，这样可以部分分担因一只腿抬起时，机械腿自重对使用者产生的负重效应。此外，由于腰带是钢质结构，其直接作用于人体的腰部会给人带来不舒服感。因此，要在钢质腰带与人体腰部之间加填了一条软制护腰带，金属带与护腰带之间通过自黏带连接在一起要考虑到不同患者腰围的不同，因此要有调整结构，可以考虑用铰链结构。

6. 减重机构

下肢残疾患者的下肢力量往往不能给正常步行提供足够的力，所以在设计康复系统时要考虑到减重机构，在康复训练时减轻身体重力作用在腿上的力，使作用在腿上的力为身体重力大小的一部分。考虑到各个患者腿部力量的不同，减重比例要可以调节，要从0~100%。

7. 整体结构设计

设计总体结构时，要考虑到装配工艺过程和整体效果，如：杆件各零件的装配顺序，气缸和杆件之间的干涉，轴承与轴承座装配，关节间的连接方式，外部框架之间的安装，减重结构与外部框架的链接，下肢与外部框架的连接。

第七章　智能康复产品的发展应用

第一节　“康栈”智能康复服务平台设计及应用

建立个性化康复训练与管理的智能康复平台，旨在解决患者骨科疾病治疗后期的康复依从性问题。使用基于项目的协同过滤推荐算法，推荐最佳匹配的锻炼计划；利用OpedPose人体关键点检测器，实现二维人体图像中康复部位的姿态和角度的识别；构建基于隐语义模型的康复资讯个性化推荐系统。该平台不仅可以解决患者康复流程不准确、缺乏专业指导的问题，同时可以收集患者院外康复数据，帮助医生全方位分析患者健康情况。搭建的基于康复大数据的科研平台，能提升医生的诊疗能力。

康复医学是以康复为目的进行预防、诊断、评估、治疗、训练和处理有关功能障碍的一门医学学科。人工智能的发展，康复医疗产业信息化是大势所趋。中国康复市场的前景巨大，《国家卫生统计年鉴》数据表明，中国亟待康复的群体高达2.8亿人次，而康复医院诊疗每年的诊疗人数仅为3000万人。目前我国康复医师占医疗卫生从业人员的比例约为0.4 ∶ 10万，康复行业存在巨大的人才缺口。同时，我国面临康复医疗机构严重不足和康复设备缺乏、落后，康复医疗服务体制不够完善，康复早期介入不及时，双向诊疗不顺畅，费用居高不下等诸多问题。

“康栈”智能康复服务平台制订个性化康复训练计划，提供恢复程度测评功能；以患者康复认知为基础，推荐个性化康复资讯。

一、“康栈”智能康复服务平台

（一）“康栈”智能康复服务平台介绍

“康栈”智能康复服务平台在现有康复平台功能的基础上进行了改进，在康复软件结合人工智能使平台更加智能化、个性化、专业化、创新化。系统的功能模块如图7-1所示。平台主要包含康复训练、康复医师、康复评测、康复咨询、康复机器人五个模块。其中康复训练实现病情分析、指定康复计划、视频观看的功能，康复医师实现线上预约、在线指导的功能，康复评测实现拍照评测、问卷评测的功能，康复咨询实现推荐咨询、热点咨询的功能，康复机器人实现智能问答的功能。本平台的意义在于对康复信息化的实践和对医疗人工智能的广泛运用，不同于传统的医疗康复手段，采用智能化线上辅助康复，不但大量节省康复中后期的医疗资源，而且应用门槛低，广泛适用被骨科疾病困扰的群体，促使患者足不出户，便可进行康复治疗。

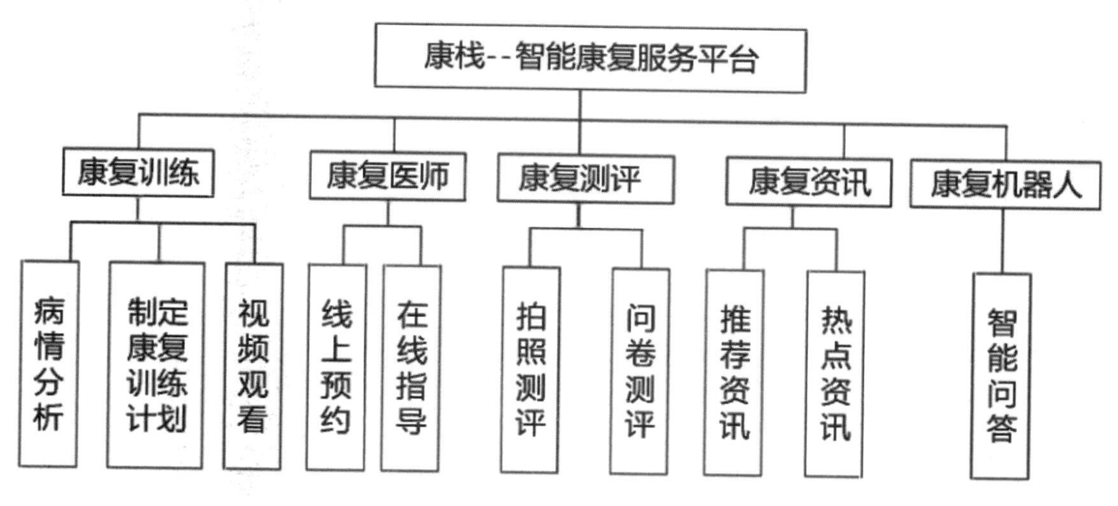

图 7–1 “康栈”平台功能结构图

通过与市场上康复软件功能的比对，“康栈”平台的功能设计近乎涵盖了康复市场的主流功能。结合人工智能技术，“康栈”平台新增了一个创新功能——智能识别部位角度，进行康复评估。系统流程如图 7-2 所示。首先用户登录系统，用户名密码验证通过后进入个人信息录入界面，完善个人信息，否则重新输入或者退出系统。个人信息填写完善后进入系统主页，主页共有三大模块，即康复训练、康复测评、康复资讯。用户选择康复训练，确定需要康复部位，系统进行病情分析，制订相应的康复计划；用户选择康复测评，并确定测评方式（拍照或问卷），填写问卷，分析结果，测评结束；进入康复资讯，用户浏览系统推荐的相关康复信息，了解康复相关知识及相似病友推荐。

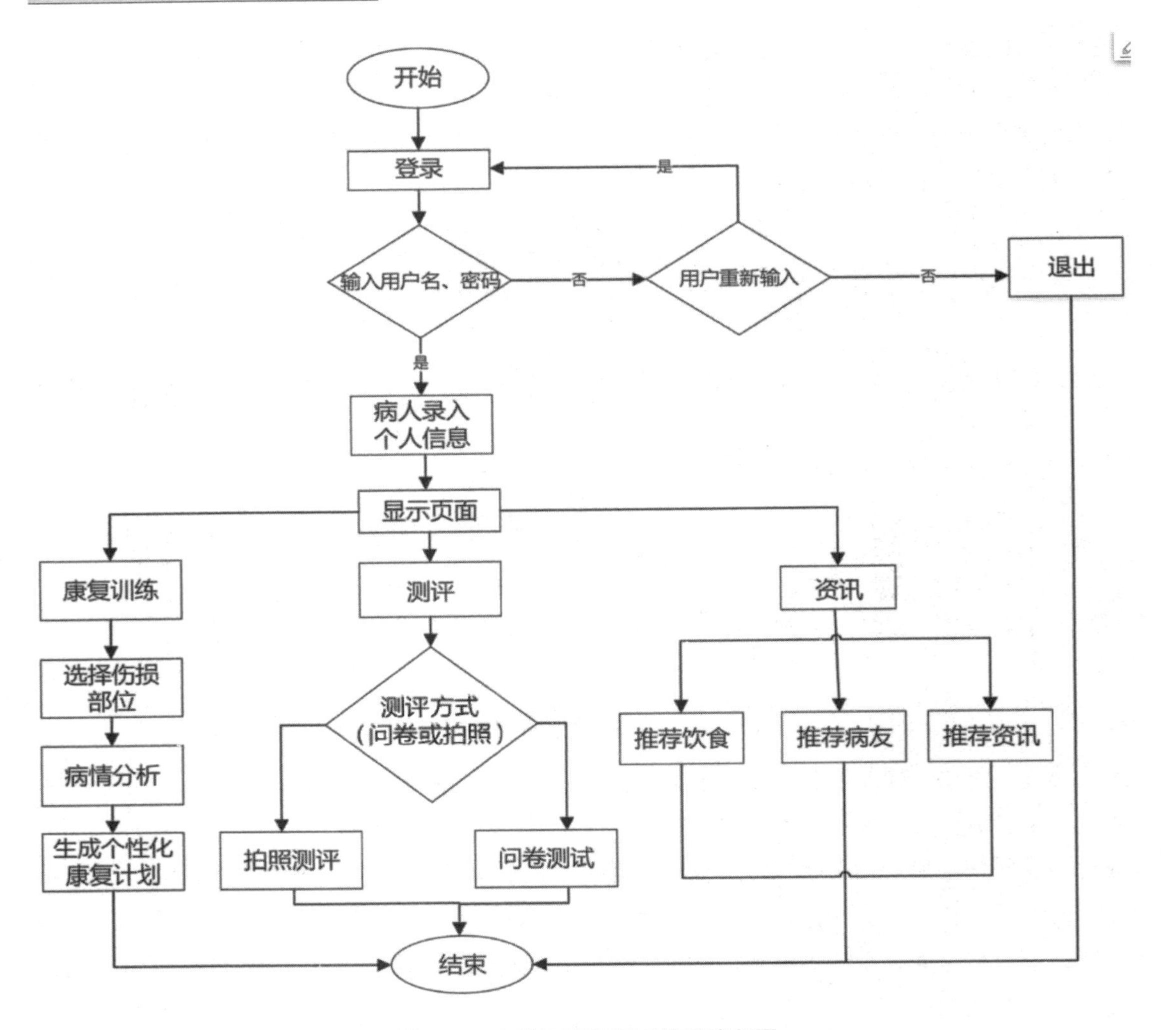

图 7-2　康栈智能康复平使用流程图

（二）关键技术

1. 基于项目的协同过滤推荐（IB-CF，Item-Based CF）算法

目前常用的推荐算法是基于项目的协同过滤算法与基于用户的协同过滤算法。在定制个性化康复训练计划功能中，本平台采用基于项目的协同过滤（IB-CF）算法，算法流程如图 7-3 所示。首先，找到锻炼计划的最近邻居，根据当前用户对最近邻居（即锻炼计划）的适应程度，预测当前用户对目标推荐锻炼计划的适应程度，然后，选择预测适应程度最佳的锻炼计划作为推荐结果呈现给当前用户。

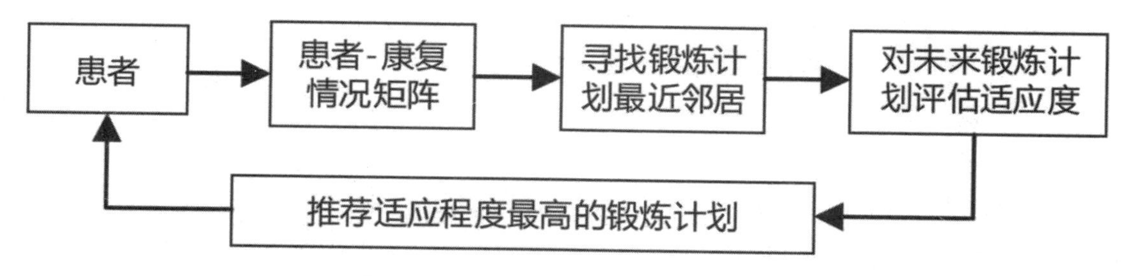

图 7-3 基于项目的协同过滤算法流程

2. 基于 OpenPose 的 2D 姿态估计算法

Cao 等发布的 OpenPose 是第一个实时地检测人体、手势、面部关键点（125 点）的检测器，实现了姿势检测，该方法具有普适性。本平台在 OpenPose 的基础上提取关键点坐标，然后对坐标进行角度计算，实现人体姿态康复训练评估的标准化。

通过拍照获取用户康复姿态，并使用 OpenPose 识别二维人体关键点坐标，计算康复部位的角度。

其流程如图 7-4 所示。首先，输入人体姿态图像，经过 VGG19 卷积神经网络提取姿态特征，得到该姿态图像的一组特征图，将该特征分成两部分分别使用神经网络提取置信度和关联度；其次，通过使用图论的偶匹配得到部分联合体，即将属于同一个人的关键点合并为一个整体骨骼框架；最后，利用匈牙利算法求最大匹配，分析识别结果。

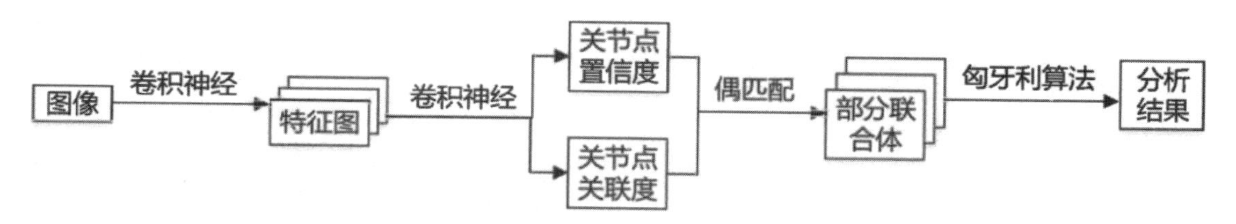

图 7-4 人体姿态估计算法处理流程图

3. LFM（Latent factor model）隐语义模型

隐语义模型是一种基于机器学习的方法，核心是通过隐含因子（latent factor）来联系用户兴趣和资讯，找出潜在的主题及分类。

在康复资讯推荐功能中，利用隐语义模型算法将资讯按照医疗康复、教育康复、职业康复、社会康复等进行分类。LFM 模型设计如图 7-5 所示。对于新用户，直接从最热门的资讯中取 topK 推荐；对于有一定使用历史数据的用户，用户点击和没点击过的资讯，代表了用户感兴趣和不感兴趣的内容，有过交互行为的即为正样本，无交互行为的即为负样本。在正样本中，患者的病情以及点赞、收藏的行为设置相应权重，建立当前用户对各种资讯的评分矩阵。进而获取到了用户对资讯偏好值来做出最终的推荐。

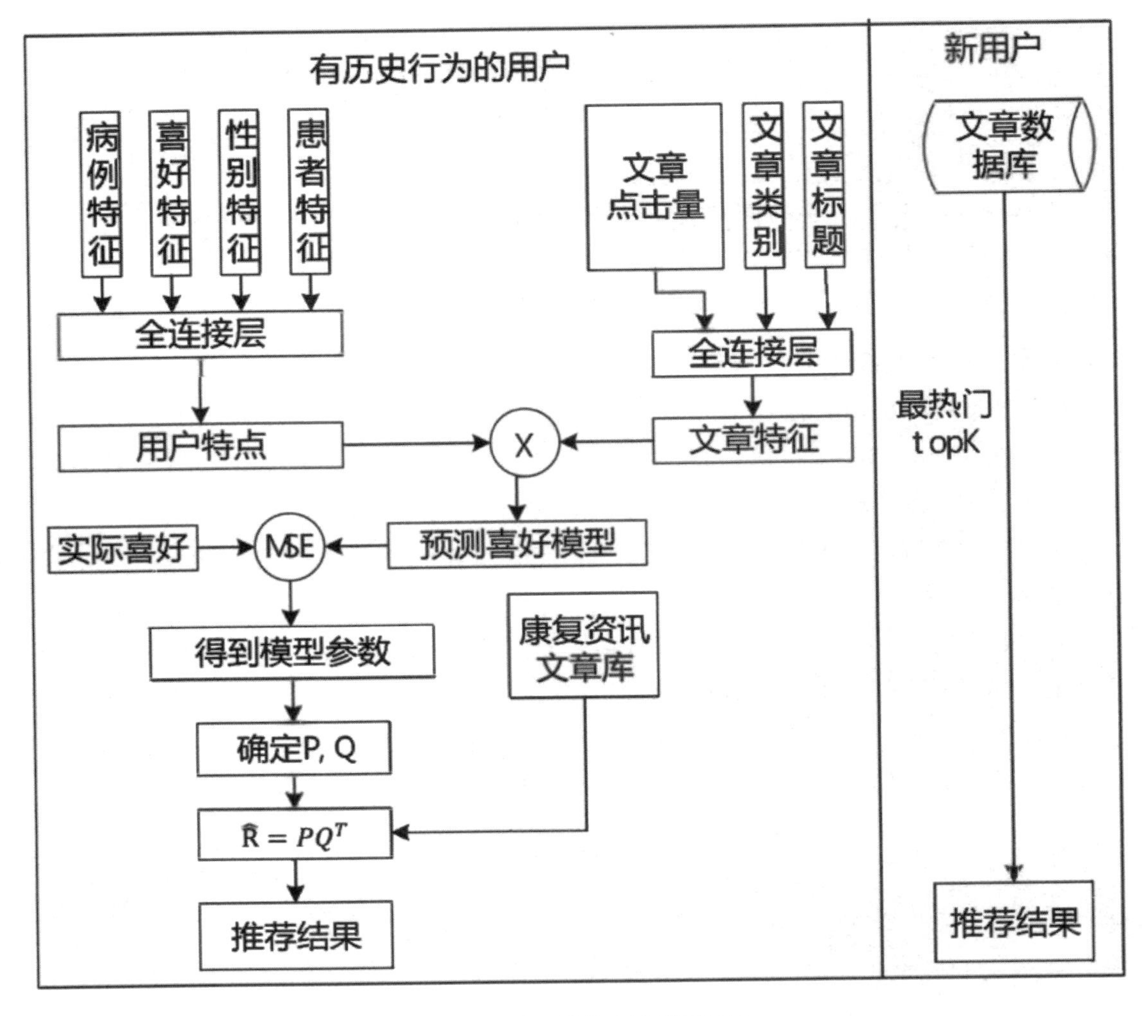

图 7–5 资讯推荐系统模型设计

（三）数据库设计

系统的数据流图如图 7-6 所示。患者登录填写个人基本信息，系统将基本信息存入到数据库中患者信息表中。患者填写自己病情，系统根据病情分析，从数据库病情锻炼计划表中提取锻炼计划数据生成训练计划，训练计划进度可根据不同用户的训练进度显示不同视频；关于线上预约数据，患者发起线上预约，根据医院康复医生的值班及主治选择合适的医生进行在线指导；关于康复姿态识别，患者选择康复部位，拍照上传自己的姿态信息，同时选择识别部位角度，记录不同时间部位角度值，生成时间角度曲线，分析康复情况，并将评测结果存入数据库；关于康复问卷数据信息，患者选择问卷，填写问卷，并根据在不同阶段（时间）的问卷得分进行分析，进而得到患者的康复情况，并将康复评分存入数据库。

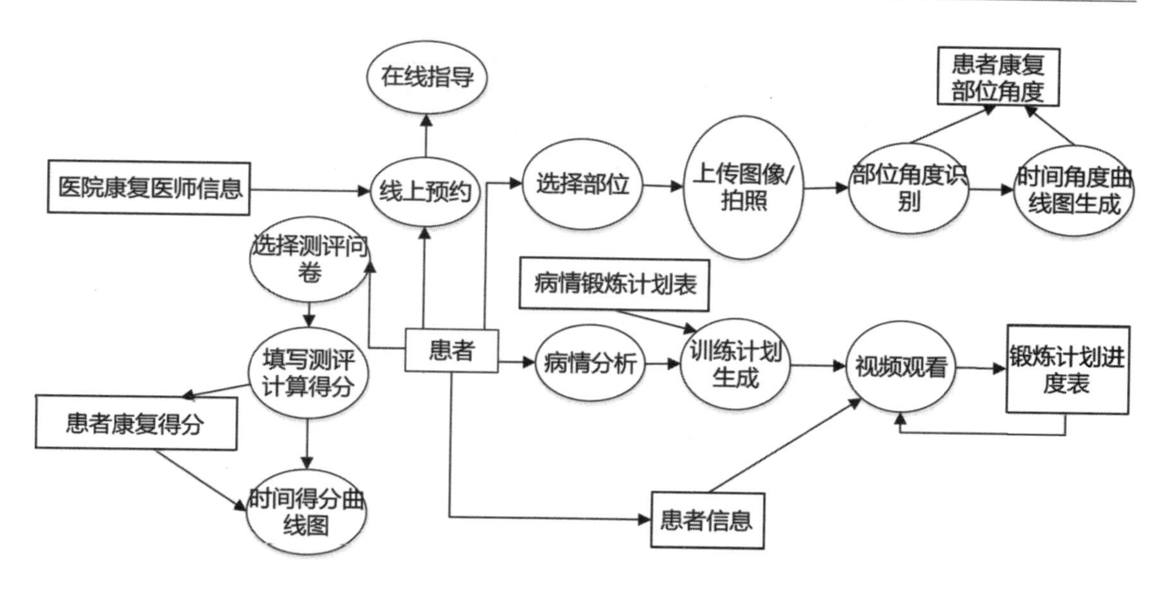

图 7–6　“康栈”平台数据流图

二、“康栈”智能康复服务平台功能测试

（一）康复训练

康复训练测试如图 7-7 所示。患者选择伤患部位，录入病情信息。系统通过 IB-CF 算法选择预测适应程度最佳的若干个锻炼计划推荐给患者，患者可参照推荐视频规范完成锻炼计划，并对该次锻炼计划进行打分评估，本功能使患者量化自身的康复训练情况，将每次的训练结果可视化，同时能够很好地激励患者坚持锻炼。

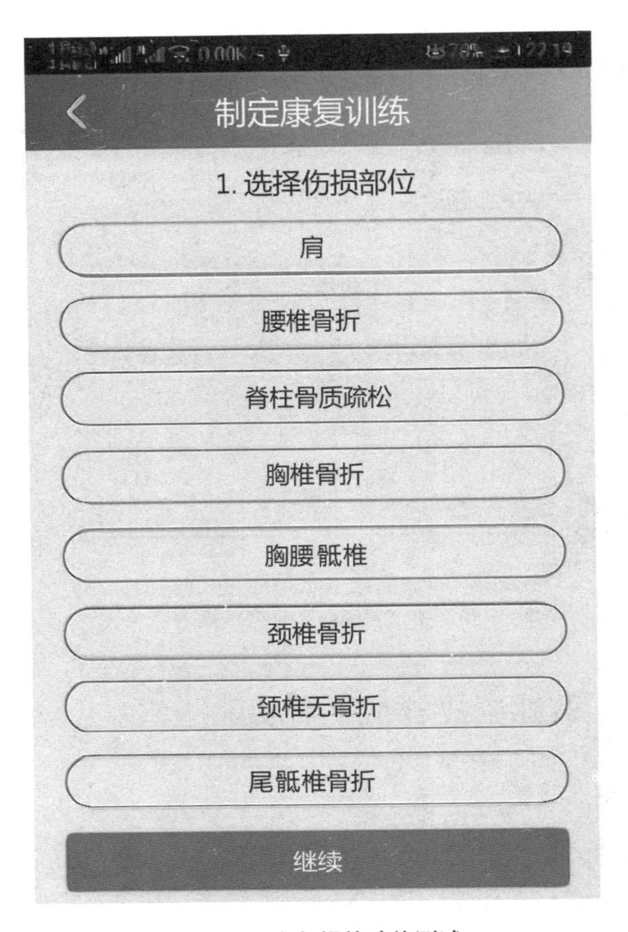

图 7–7　康复锻炼功能测试

（二）康复评估

患者根据平台相应示例图姿势呈现伤损部位并拍照上传，系统则根据人体姿态估计算法检测伤损部位关键点，计算关键点组成角度，生成时间 - 部位角度曲线图。系统通过当前角度与康复全角的对比评估患者的康复情况，实现了居家也能达到接近于标准的康复训练要求，促使康复评估不受时间和空间的约束。

康复训练测试为了测试软件稳定性，选取了 3 个动作分别系统测试，进行了 20 次测试。测试在实验室场景下进行，受试者距离摄像机约 2m，无实物遮挡，场景内只有 1 个人。3 个动作分别为“肘关节曲伸”“肘关节，上抬”以及“腿部弯曲度”，测试结果稳定，如图 7-8 所示。

本平台引入应用康复医学中成熟的常用评定量表，患者选择符合自己伤情的评定量表填写并获取量表得分，系统同样生成时间 - 量表得分曲线图。康复量表评分测试如图 7-9 所示。

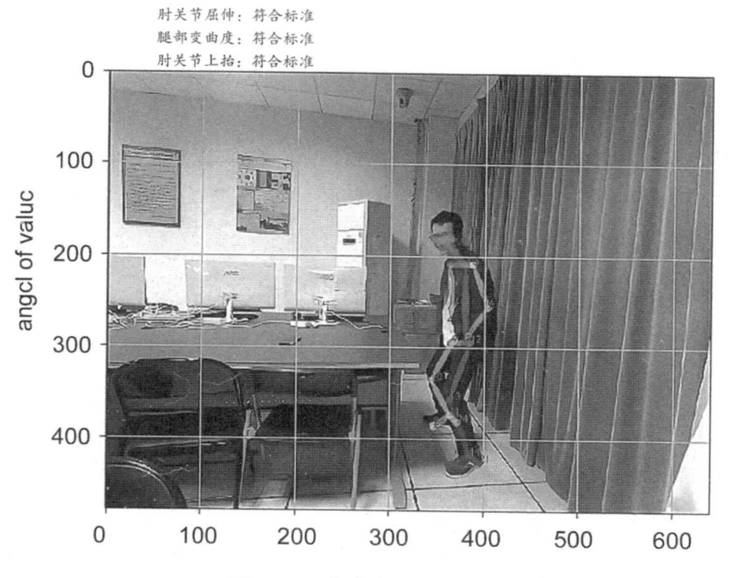

图 7–8 康复锻炼评估识别效果

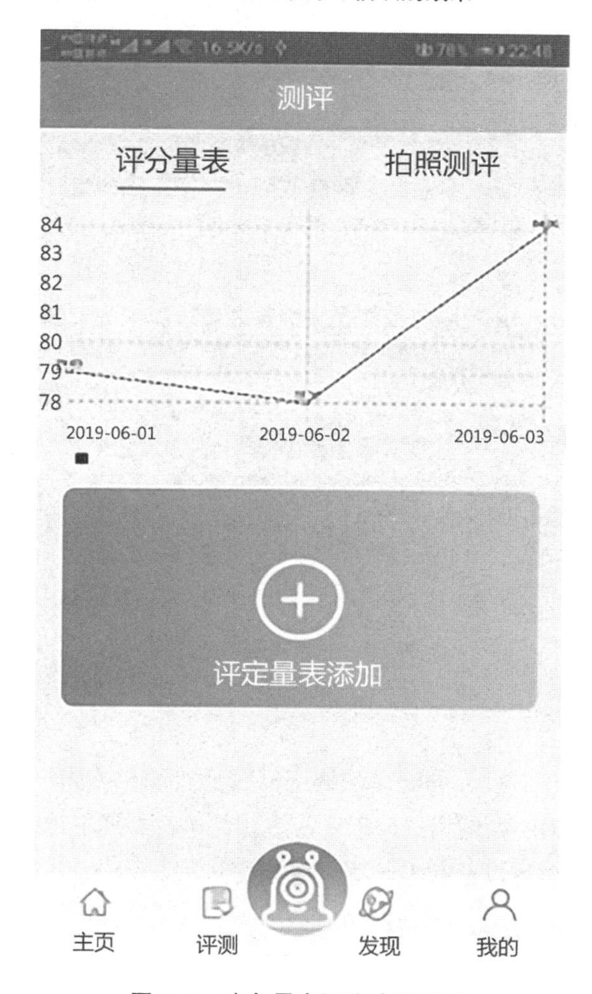

图 7–9 康复量表评分功能测试

（三）健康资讯

对于病情信息较为完善的用户，根据患者病情及点赞、收藏等行为，构造隐语义模型建立推荐系统为用户推荐相关康复资讯；而对于冷启动患者用户，系统通过点击量推送热点资讯来解决推荐算法的冷启动问题。相对于随机推荐，这种方法更具有个性化与针对性。健康资讯测试如图 7-10 所示。

图 7–10　健康资讯功能测试

（四）康复医师

该平台可与医院诊疗对接，同时可预约康复医师实现相关诊疗。患者可以与康复医师线上联通，接受康复医师的在线指导。患者线上预约医师，线下诊疗，之后医师线上指导，相对于其他的软件，医生可以全程参与患者的康复过程。

（五）康复机器人

患者可向机器人提问康复过程中的相关问题，机器人智能回答。通过搭建医药知识图谱，并以该图谱为基础完成自动问答功能，解答患者的疑问。在运行过程中通过患者提问等环节来丰富、完善图谱。

三、总结

“康栈”平台基于康复医疗现状，从患者实际康复需求出发，与人工智能和大数据紧密结合，切合康复信息化主题。不同于传统康复流程中医患双方的线下交互，该平台不仅节省医疗资源、便利患者康复期间的诊疗，而且全程式陪护患者度过整个康复期。为了增加平台的可用性和推广性，我们在设计上考虑用户对于 APP 的直观性和客观性的要求，增加了平台的美观性、易用性和实用性。

四、展望

“康栈”平台应用前景巨大，符合康复信息化的发展趋势，结合人工智能技术，精准针对每一位患者，为患者的康复带来便利，实现与医院的对接，平台未来将有进一步的优化。在康复测评模块，完善人体姿态的识别功能，利用 OpenPose 增加三维关键点实时识别技术，将 OpenPose 技术同时运用在识别关节角度和规范患者锻炼姿势上。针对不同康复群体，平台后期将新增糖尿病、高血压、肿瘤等其他慢性疾病康复模块，提升应用广度，实现与更多医院的对接，获取更多患者信息以更加贴合患者的实际需求、确保软件的稳定性。

第二节　智能机器人在社区康复中的应用

我国正处于人口老龄化阶段，各种病患人群占据比例增加，如，急性病、慢性病以及高致残病患群体术后康复需求加剧。住院康复增加了护理人员的劳动强度，患者康复耗时长、费用高等问题，因此，社区居家康复成为患者的主要选择。针对目前社区康复方式存在缺乏有效的评估、监督及指导等问题，提出“智能机器人 + 社区康复”的解决方案。智能机器人具备数据采集、数据分析、控制决策、评估反馈、在线指导、协作康复、交互娱乐等诸多功能，能长时间反复为患者提供满意的康复服务，是社区居家康复的最佳选择。

随着我国老龄人口比重的迅速增长以及国家对二胎政策的放开，社会对护理专业的要求也随之提高。社区康复强调充分调动社区内一切可以利用的人力、物力、财力、文化等资源，以街道、乡镇为实施平台，为残疾人提供就近就便的康复医疗、训练指导、心理支持、知识普及、用品用具以及康复咨询、转介、信息等多种服务。随着社区康复面临与日俱增的压力，如何做到老有所养、老有所医、医养结合已成为迫在眉睫的社会问题。我国相关部门陆续出台了各种政策性文件及相应的指导意见，旨在推进社区康复诊疗方案的规范化及合理化，促进智能机器人技术与社区康复在应用层面的有机结合，推动老龄事业全面协调可持续发展。这得益于新兴前沿技术的快速发展，人工智能正快速渗透到医疗器械领域，在社区康复中发挥重要作用，也将助力服务医疗行业推向高质量发展。

一、社区康复面临的挑战

(一)人口老龄化严重，患病比例加剧

随着社会人口年龄结构的变化，全球人口结构中，老年人口占总人口的比例在迅速增长，世界人口老龄化问题正逐步显现，我国的人口老龄化问题同样严峻。人口老龄化对社会的影响体现在公共卫生、政府政策、劳动力市场在内的各个领域，其中对公共卫生领域的影响主要表现为老年人群中急性病、慢性病以及因病、因伤致残人数占据比例明显增加。根据调查显示，以老年人为主的急性脑梗死患病率约为4.5‰、脑卒中发病率约为2‰、糖尿病患病人数有1亿左右。此外，吸毒人员的康复治疗也是目前全球的一大难题。这些疾病常伴有后遗症、复发性、并发症等特点，因此出院后的社区康复诊疗成为帮助患者恢复健康的重要手段。我国现有的康复医疗资源十分匮乏，严重的人口老龄化加剧了社区康复治疗的负担，而传统的社区康复治疗方法又存在一定的问题，社区康复面临各种挑战。

(二)不同病患人群对社区康复服务的需求增多

相关研究表明，我国病患群体对社区康复的需求正处于高压阶段，这些需求主要体现在急性脑梗死、急性肢体功能障碍等急性病人群术后的康复、护理干预需求的增加，社区冠心病、高血压、糖尿病、痛风、结核病等慢性病患者的正确康复指导、检测反馈需求增加，社区脑卒中、脑外伤、脊髓损伤等高致残疾人群的正确康复训练指导、筛查复检需求加剧。

(三)传统社区康复治疗方式存在局限

传统社区康复治疗常是被动治疗，缺乏有效的反馈和评估；居家患者的参与不足，社区康复治疗缺乏可持续性；患者出院后，缺乏监督和指导，导致康复治疗效果不佳。如在脑卒中康复治疗中，康复治疗师需要根据患者病情变化为患者提供一对一的运动训练指导，通常采用强化治疗和基于任务的抵抗训练帮助促进患者的康复。然而随着脑卒中发病率的持续增长，康复治疗师出现严重配置不足，而患者家庭同样负担不起高昂的医疗费用，致使多数患者选择居家康复诊疗。康复治疗师也存在康复治疗强度大、耗时长、费用高等问题，而社区居家康复诊疗存在缺乏有效评估反馈机制、患者参与度不足、社区监督指导困难等问题。有研究表明，冠心病心脏康复可改善患者对药物的依赖，可降低26%的心血管疾病死亡率、降低18%的住院率。心脏康复通常分为三个阶段：第一阶段是指住院期间的院内康复；第二阶段是指出院后4个月内在医生监督下，患者进行相应的分级运动训练；第三阶段是患者居家进行不受监督的康复训练。尽管相关部门发布的指南中对心脏康复提出了很多有益的指导建议，然而在我国能够坚持完成第三阶段心脏康复任务的患者较少，主要原因是患者缺乏有效的监督指导，且对农村地区的患者很难推广引进相关康复医

疗设备。

二、智能机器人在社区康复中面临的发展机遇

（一）国家政策赋能

为加快推进我国社区康复事业发展，解决人口老龄化带来的社区康复治疗负担、残障人群康复护理困难、传统康复治疗缺陷明显等问题，推进社区康复诊疗方案的规范化及合理化，促进智能机器人技术与社区康复在应用层面的有机结合，我国相关部门陆续出台了各种政策性文件及相应的指导意见。2015 年国务院印发的《中国制造 2025》行动纲领明确指出，积极为医用机器人及高性能医疗器械的发展赋能；2016 年工信部、发改委、财政部三部委联合发布《机器人产业发展规划（2016—2020 年）》，规划尤其提到关于服务我国老龄化社会，积极推动康复医疗机器人、康复训练机器人、助老助残机器人的快速研发及批量推广应用；2016 年全国人大四次会议审议通过的《十三五规划纲要（2016—2020）》指出，以大力发展机器人创新技术并推动相关技术产业化，同时将提升残疾人员服务水平，保障残障人群运动辅助工具的适配作为阶段性目标。

（二）智能机器人新技术的突破

智能康复机器人按照服务对象的不同可分为康复训练机器人和辅助康复机器人两大类。康复训练机器人主要用于帮助患者完成日常的康复训练任务，如，抓握训练、下肢训练、臂膀训练、心脏恢复训练、脊椎运动训练等；辅助康复机器人主要用于帮助肢体残疾、障碍患者完成各种动作，如智能机器人假肢、智能自动避障轮椅等。近年来，随着机器人技术和人工智能技术的研发投入力度加大，机器人硬件、软件及传感器等技术不断取得重大突破，社区智能康复机器人被推向了发展的重要机遇。

1. 硬件突破

微控制芯片是机器人计算和数据处理的核心单元，通过微控制芯片对传感器采集的患者生理信息进行分析比较，能实时监测处于康复期患者的康复治疗效果；将运算结果进行数据可视化展示，能准确反馈并正确指导患者进行下一步的康复治疗。

近年来，微控制芯片实现了高度集成和高计算能力的突破，如，将光子技术与芯片的集合，实现芯片间的无缝外光子通信，结合波分复用技术提升通信链路的高带宽容量；将多路复用、多通道阵列设计技术引入微流控芯片，提升芯片吞吐量和并行化数据处理能力，改善芯片分析性能，同时利用集成技术将芯片内部尺寸范围从厘米缩减到微米，实现高度硬件集成。由于材料是机器人本体构成的基本组成单元，在机器人运动控制过程中，材料可以通过紧密集成执行器、传感器和计算通信来发挥积极作用。如，通过筛选和优化已知材料的结构特性，能有效减少机器人本体构建成本并提升机器人的软体及柔性性能。此外，通过合理选择材料可以构建出具备测量外部负荷的骨骼及能够伸缩移动的肌肉，可以提供

触觉及位置感知的皮肤，实现对人体高级知觉信息的感知提取，为人体与材料的自适应提供依据。近年来，新材料和制造技术实现了爆炸式增长和广泛应用，如，设计气动软体机器人，收集患者手部肌电信号，协助患者进行物体抓放及肌肉力量测量，进而完成康复训练。将一种或多种材料组合构建机器人零部件，并根据环境任务完成情况对材料性能进行评估，以此发现新候选材料和组件，拓展机器人的适用范围。

2. 软件突破

人机交互技术是康复机器人不可或缺的组成部分，它可以将人体的肢体语言或其他行为信息转化为机器人可以理解和执行的任务单元，是实现患者和智能机器人沟通交流的桥梁。传统的人机交互以按键操作、手部触摸以及电脑交互等形式为主，缺乏可操作性、自主性和远程交互便利性。近年随着人工智能技术在智能机器人终端的引入，语音交互、人脸识别、动作辨识以及实时远程控制得到了广泛的使用，极大地丰富了人机交互的形式，提升了操作过程中的便捷性，方便了康复患者使用。

数据分析处理算法以及专家系统是康复机器人的灵魂，

是实现柔顺性、安全性、交互协作的前提保障，同时还可以将传感器采集到的患者生物信息进行处理转化，给患者康复诊疗提供判断依据，实现迅速、精准辅助分析诊疗，与患者协作完成康复任务。近年来，随着柔顺控制技术、数据驱动技术、大数据分析技术的突破，机器人软件算法性能获得了跨越性的提升。如，基于系统动力学模型的观测力矩估计法实现机器人的柔顺控制，可确保患者使用康复机器人时的安全性以及下肢康复训练时的舒适性。

3. 传感器技术突破

传感器是康复机器人的眼睛，它可将外界环境信息的变化准确反馈给机器人控制系统，为机器人下一步决策提供依据。传感器技术的发展对改善传统临床康复实践具有重要意义。目前，传感器正朝着便携式、低成本、抗干扰方向发展，各种可穿戴和非接触式传感器技术取得了重要突破。如可穿戴患者动作捕捉传感器，可以识别运动生物标志物，对不同患者群体的运动行为进行量化，区分恢复和补偿运动机制，实现远程监控、远程康复诊疗；又如微软公司研发的非接触式 3D 深度视觉传感器 Kinect，可捕获人体骨骼节点信息并识别手势，极大地降低了机器人控制系统在数据处理上的消耗，为康复训练和远程手术机器人的研发带来了便利。

三、智能机器人在社区康复中面临的挑战

与国外相比，国产智能康复机器人在社区康复中的应用研究较晚，目前，一些康复机器人技术尚处于研究阶段或即将产业化阶段，在大规模推广应用上仍面临诸多挑战。智能康复机器人协助患者实现自动化康复治疗的关键在于如何更好地实现人机协作，即社区智能康复机器人研发过程中必须确定机器人如何主动协助患者共同分担一些有利于康复的工

作和训练，以便在与患者进行沟通互动的同时最大限度地提升患者的运动能力和康复效果。实现这一目标需要解决两方面的问题：一方面是明确恰当的运动形式和可靠的反馈机制，即患者应该进行哪些运动，机器人如何对患者的运动表现进行反馈评价；另一方面是明确运动模式和舒适的机械运动输出，即机器人应根据患者的具体康复情况智能调整运动频率、施力部位以及施力大小。然而要解决上述问题，并将智能康复机器人大规模运用于社区康复中，需要应对科学、技术和社区家庭推广三方面的挑战。

（一）科学挑战

由于不同患者的体型、性别、年龄以及受损部位的差异，康复训练的最佳运动形式和智能机器人的最佳机械运动输出均为变化量。目前，由于实验经费问题，研究不同康复治疗方法效果的大规模随机实验数据依然欠缺，且当前医学上关于神经康复的科学依据依然缺乏，不同学派之间意见存在分歧。因此，智能康复机器人研发工程师在研制康复机器人的过程中依然面临较多不确定性，首先需要解决的问题就是确定这个机器人应实现什么功能。

（二）技术挑战

人本身是一个多自由度的复杂生物体，因此，针对患者的不同康复部位对康复机器人具有不同的自由度要求，自由度的增加对康复机器人的设计、制造及控制提出了更高的要求。通常高自由度的康复机器人在设计制作上要求更小的机械间隙以及更精确的运动减速效果，在控制上要求更大范围的频率带宽来提升运动的灵敏性。目前，高自由度、高带宽的康复机器人技术仍是一个尚待攻克的难题。尽管在过去的10年里，这一难题已经取得了相当程度的突破，如对患者的反应进行实时评估进而提供不同形式（拉升、抵抗、辅助等）的机械输入，但仅就协助患者完成各种康复训练任务的灵活性而言，目前仍没有任何一种康复机器人能够与人类康复训练师相提并论。

（三）社区家庭推广挑战

实现康复机器人技术大规模服务于患者日常生活的最后一环节在于将相关技术产业化并推广使用。当前许多有康复需求的患者对于使用智能康复机器人协助自身进行康复诊疗的意愿不高，这或是因为患者家庭经济条件限制，无法获得相关服务；或患者缺乏参与和尝试智能康复机器人的康复治疗服务体验，致使对康复机器人的治疗效果置若罔闻；或缺乏如电脑游戏、电影、体育运动之类的休闲娱乐体验感，导致患者对智能康复机器人的康复治疗产生疲惫感和厌恶感。

四、“智能机器人+社区康复”解决方案

针对当前社区康复存在的各种问题，考虑智能康复机器人在社区康复领域中面临的各

种挑战，并基于智能机器人在家庭清洁服务、儿童启蒙教育、住宅监管看护等社区家庭服务领域取得的重要突破，本文通过分析借鉴服务机器人大行业的相关成功经验，研究了智能康复机器人大规模服务于社区患者日常生活的可能，提出了“智能机器人+社区康复”的解决方案。

（一）实验评估检验康复效果，化解科学难题

实践是检验真理的唯一标准。康复机器人作为一种科学的工具，在研发过程中依然存在各种不确定性，需要采取的最佳措施必然是通过临床实验积累更丰富的数据来检验其科学性。通过结合传感器数据采集、高通量数据传输以及存储器分布式压缩存储等技术，在患者康复过程中进行有针对性的关键数据采集工作，完成海量康复医疗临床实验数据库的构建；同时利用大数据分析对比手段评估患者需求及康复效果，发掘更好的康复治疗模式；通过数据驱动为不同体型、性别、年龄段患者提供差异化服务，实现康复机器人的科学有序发展。

（二）研发更自然的人机交互技术，突破技术局限

分析服务对象具体需求是研制高服务质量康复机器人的前提，患者作为康复机器人的被服务方，其本身的结构以及康复部位自由度的分布形式需要康复机器人研发工程师掌握清楚。通过生物仿形手段，结合柔性材料及软体机器人技术，为患者提供更自然的人机互动及协同交互体验；通过研究高自由度及冗余自由度康复机器人的数值解法和几何解法，结合机器人动力学控制技术，解决高自由度机器人的控制难题；通过简化协议，提升机器人信号传输带宽，同时综合局域网技术及更先进的5G技术，确保机器人的低延迟，提升机器人的通信及控制灵活性。

（二）构建社区智能康复机器人生态，解除应用限制

康复机器人技术的落地应用以及康复机器人闭环生态体系的构建是康复机器人推广使用的关键。当前我国正积极为康复机器人的发展指引方向，政策帮扶为康复机器人低成本制造和推广提供了契机，然而目前患者仍对康复机器人缺乏认知体验和服务体验。因此，可通过免费体验、终端推荐、案例指引以及临床介入等手段对康复机器人进行推广，吸引患者参与体验康复机器人的诊疗过程，经过长时间的口碑树立赢得患者对康复机器人的信赖，逐步构建智能康复机器人生态；通过拓展康复机器人功能，将其打造为集康复、娱乐、家居服务于一体的智能机器人，消除患者在智能机器人康复使用过程中的单一感和疲惫感，增强患者在康复过程中的体验感，有效帮助患者康复。

通过从技术、政策等方面研究了智能康复机器人面临的机遇和挑战，相关研究成果符合《中国制造2025》国家战略目标，能为康复机器人在社区中的应用提供参考。相信在不久的将来，智能康复机器人必会步入千万患者家中，为患者的日常康复提供服务。

第三节　智能制造在康复辅助器具研发中的应用

康复辅助器具是改善、补偿和替代人体功能以及实施辅助性治疗、预防残疾的产品。随着我国康复医学的发展，康复领域跨学科的工作合作日益增强，除了医疗的手段，康复工程技术对全面康复、提升疗效也是必不可少的。因此，如何深入、可持续地开展临床康复辅助器具的研发与应用，推动传统技术与智能制造技术的结合，核心问题是医工结合的管理和应用模式的实施。

一、传统康复辅助器具制作工艺

传统矫形器制作工艺主要包括以下步骤：测量尺寸→石膏取形→制作石膏阴型→修模石膏阳型→热塑版抽真空成型→修整→成型→适配检查→完成品。传统假肢制作工艺主要包括以下步骤：测量尺寸→石膏取形→修阳型模→热塑性塑料板抽真空成型→检查连接管座→注塑成型→适配检查→完成品。

图 7-11 所示为我中心康复辅助器具技师为截肢患者测量尺寸，石膏取形，该过程对技师技术要求较高，且患者需要保持一定姿势，便于取形尺寸适合患者，该工序时间约 1h。

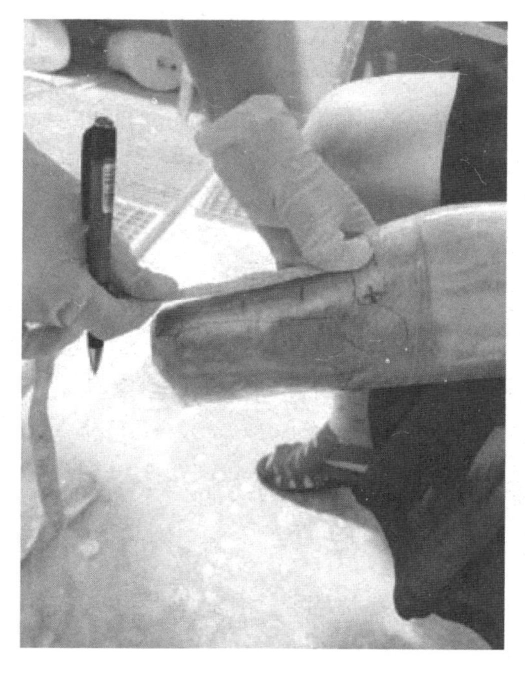
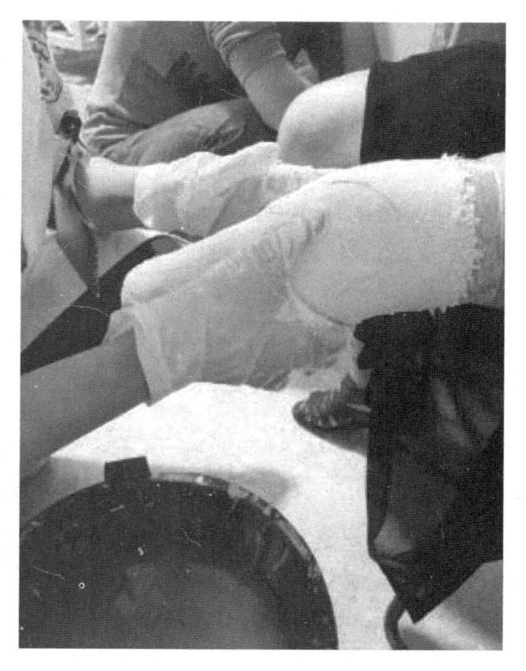

图 7–11　石膏取形

图 7-12 所示为取形后的模型修整，目前模型修整过程完全依靠康复辅助器具技师凭

借工作经验手工进行操作，此工序时间约3h，且需要反复修整，直至模型符合病人穿戴要求。

图 7-12　模型修整

二、智能制造技术的引进及应用

近年来，智能制造技术的应用已逐步渗透到各行各业，把先进的智能制造技术引入到康复辅助器具的研发中来，体现了康复医学与智能制造技术的完美结合。本中心服务的伤残军人、民政对象普遍年龄偏大，行动不便。为给服务对象提供更舒适干净的服务环境，中心引进了智能制造设备——法国 Rodin4D 康复辅助器具七轴数控加工机器人。传统康复辅助器具的制作要先取型，患者须得脱衣缠绕潮湿的石膏绷带，心理和体感上都很不舒服。相反的，Rodin4D 使用计算机辅助设计与制造系统中先进的红外激光扫描仪，不用接触患者就能取型，且模型数字化时间短，精准度高，让患者更舒适。技师携带小型扫描仪，就可为不方便出门的残疾人服务，在提供便捷舒适康复辅助器具产品的同时，给予患者更舒适、更有尊严的适配体验。同时，Rodin4D 利用先进的计算机辅助设计与制作系统，采用患者数据库模式，保存患者的三维数据模型，计算机设计过程中针对每一个步骤进行了量化处理，进而使制造过程更加精确，更加科学，适配度也更高。

（一）模型数据采集

如图 7-13 所示，通过红外激光扫描仪，康复辅助器具技师能快速地采集到患者数据，该过程通常持续 2—3min，与传统的石膏取形相比，扫描取形过程中患者不用脱去衣物，能最大程度减少患者穿脱衣物的烦恼，且取形时间很短，扫描结束后，扫描仪将数据以 STL 文件格式同步发送到电脑上，用于建立患者数据库和后期模型制作。

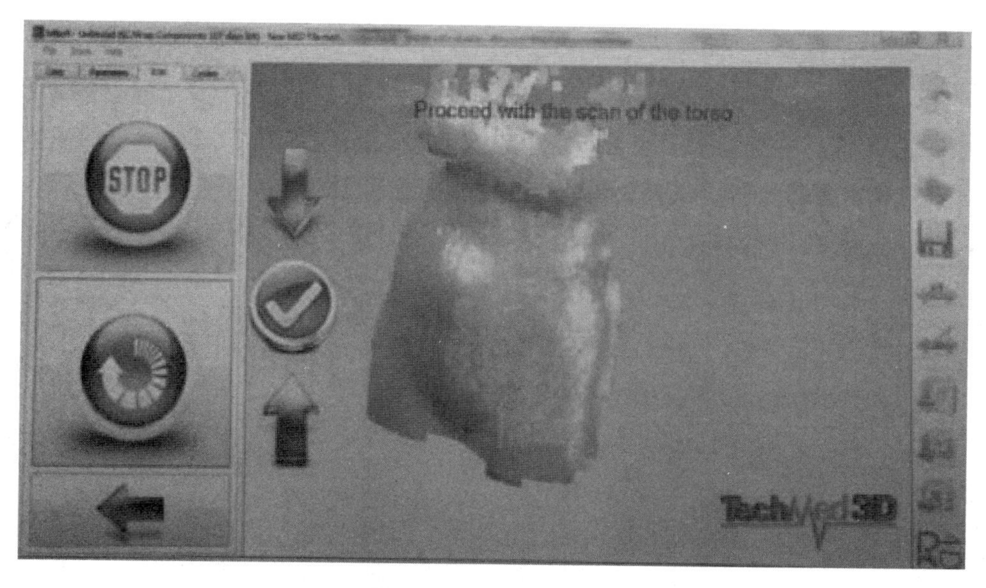

图 7–13　模型数据采集

（2）康复辅助器具的设计

康复辅助器具技师将扫描仪采集的模型数据导入到 Rodin4D 设计软件中，结合患者的 CT 照片进行辅助器具的分析、设计。与传统的手工制作相比，康复辅助器具技师可以在 Rodin4D 设计软件上根据患者的实际情况进行不断的适用模拟分析，直至找到最佳方案，可以最大限度地提升辅助器具的一次成功率。图 7-14 所示为本中心技师结合 CT 照片为脊柱侧弯患者设计的脊柱矫形器。

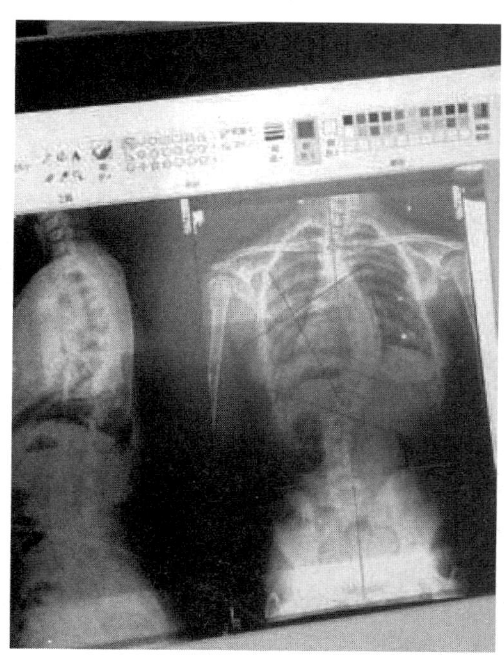

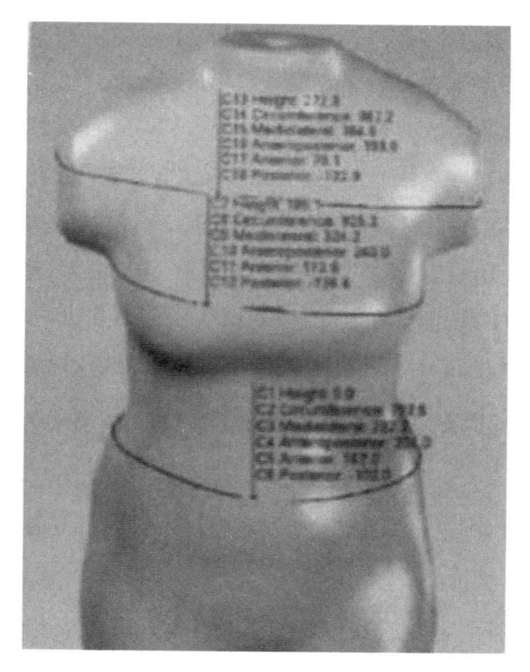

图 7–14　结合 CT 照片设计脊柱矫形器

（3）康复辅助器具的制作

康复辅助器具设计完成后，由法国 Rodin4D 七轴数控加工机器人进行模型加工。Rodin4D 机器人能适应高弹坚固的材质，模型加工完成后，然后进行辅助器具的注塑成型，图 7-15 所示为本中心七轴数控加工机器人进行脊柱矫形器加工。

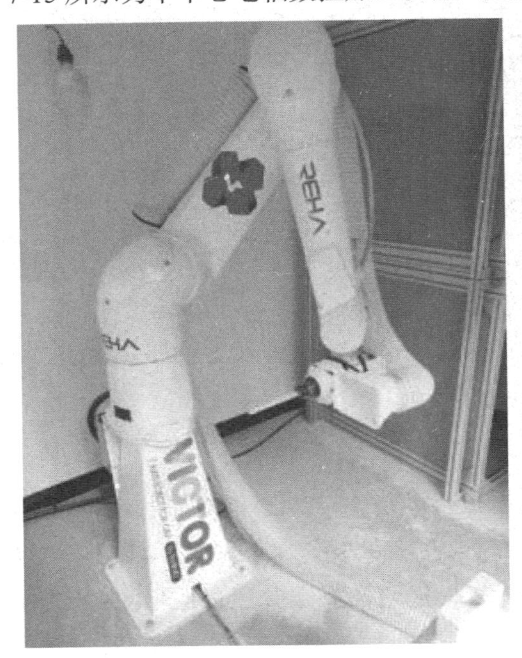

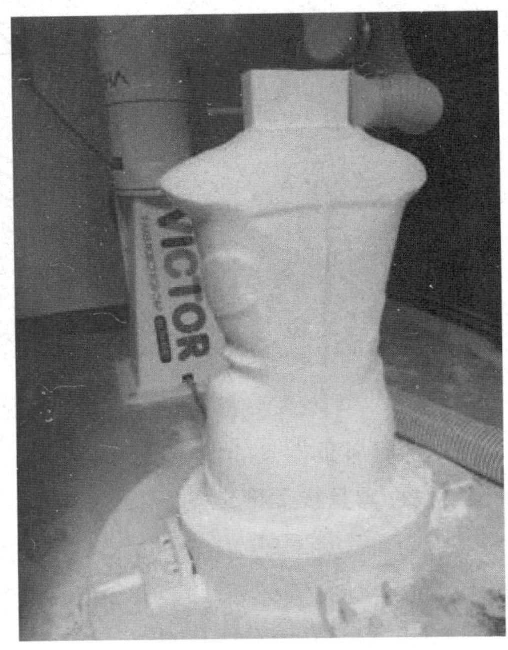

图 7–15　脊柱矫形器加工

综上所述，康复辅助器具研发与应用是一个关系社会发展的普惠性工作。通过科技手段加强康复辅具的适配，是最好的实现个性化适配的手段。对康复辅助器具需求者而言，选配辅助器具绝不是技术越高越好，功能越全越好，价格越贵越好，重要的是适合自身需求，有益于残余功能的利用和状况的改善。因此，辅助器具没有最好的，只有最适合的，要因人适配。使用不合适的辅助器具，不仅是经济上的浪费，严重的还会造成对身体的二次伤害。

随着智能制造技术的引进，我中心将充分整合人才优势、设备优势，为客户提供更为高效的智能化制造、更为精准的产品和更为优质的服务，同时，制造产品的材料将更加健康环保，并具有更多的医学功能，进而推动康复辅助器具产业的发展。

第四节　智能康复产品在中医诊疗设备中的应用前景

中医诊疗设备是以中医基础理论为核心，以现代科学技术为手段，以现代实际应用为目的，是古今技术的本质融合。智能手套、床垫、压力监测床单等设备器械结合到中医诊疗手段中，运用于手功能康复、睡眠呼吸检测、运动的康复中，将对我国传统中医药理论的应用和发展起着极其重要的作用。

一、智能化康复产品的前景展望

2016年10月，中央和国务院发布的“健康中国2030”计划纲要，此纲要将推动未来15年建设健康中国计划。该计划提出了一系列任务和措施，以振兴中医药的发展，为建设一个健康的国家而服务。当今中国社会经济飞速发展，人们的卫生条件和生活质量都有了巨大提升，然而，由于环境、社会与经济等一系列因素的变化，包括人口老龄化的加剧、慢性病发病率持续居高不下，中国作为世界人口第一大国，仍然在持续地膨胀，增速为每年570万。一方面是人口总数在持续地增长，另一方面是人口平均寿命在不断延长，人口老龄化是不可避免，且愈演愈烈成为社会性难题。养老项目除了保护老年人的基本生活外，还需要在心理、医学等多个方面与适合老年人的专业护理服务相配合。未来，养老服务应是老年人生命支持的逐步社会化，从家庭养老向社会养老的趋势发展。尽管机构养老是中国老年福利服务体系的一个补充，然而它的作用是非常巨大的。公众对老年人社会服务的需求越来越大，现有养老设施的总量难以满足老年人日益增长的需求。

养老机构有义务为老年人提供智能康复设备，以提升　　康复效果，缩短康复训练周期，最大限度地提高自我护理能力。他们需要进行康复训练实践、需要专业指导，智能康复医疗设备的市场前景广阔，呈现出“便携、家庭、智能”的发展趋势。国家高度重视卫生事业的发展，出台了多项相关政策支持，为康复医疗设备市场注入了发展动力。在国家第十二个五年计划中，明确支持公立医院、社区服务机构和民间资本，建立康复项目，这无疑是康复医疗设备研发的一个令人振奋的好政策。2013年10月，国务院就卫生事业发展发表了若干意见。其中特别支持康复辅助器具的研发和生产，进而促进了中国的康复医疗设备市场的发展。全国健康的需求和中国老龄化进程的加速，也提高了人们对此的意识，这也导致了家庭医疗康复设备、医疗设备的市场巨大需求。健康中国2030计划指出，到2030年中医在治疗疾病方面起到主导作用，在重大疾病的治疗和在疾病康复中的核心作用将得到充分地发挥。

康复类医疗设备可分为理疗设备和体疗设备两大类。理疗设备属高新技术产品，主要应用于医院的专业医务人员，如超声仪器、激光光学仪器、磁性装置、机械假肢、各种护理床等；体疗设备则用于日常练习和恢复性训练，如按摩椅、矫形器、辅助步行训练器等。康复治疗主要是改善人体各个方面的功能，消除和减少患者的功能障碍，恢复和改善人体机能。在这过程中，医疗器械的康复势在必行，许多需要康复治疗的人可能不在医院，很多人在家或疗养单位。随着社会的发展和人们自我保健意识的增强，普通民众对保健器具的需求可能是和购买家用电器一样普通，人们也会要求康复医疗设备可以像家用电器一样智能控制，使操作更简单、更容易使用、更轻、更美观。因此，康复医疗设备市场将呈现出“便携性、家庭性、智能化”的趋势。

二、中医诊疗设备在医疗市场中的重要地位

在全球范围内，现代医学进入个性化、可预测性、主动性和参与性的时代，更突出了公民和社会的参与性及主动性服务。中医，作为中国一个独特的卫生资源，与西药共同促进人们的健康，起着十分重要的作用。它是具有中国特色的医疗卫生产业不可或缺的一部分。中医药在康复领域具有独特的特点和优势，其疗效好、副作用小，深受广大人民群众的喜爱。根据相关信息统计，目前全国中医医院的诊疗人次达 2.54 亿人次。绝大多数综合医院都设有康复中医科。72% 的乡镇卫生院、92% 的社区卫生服务中心和 54.7% 的社区卫生服务站均能为群众提供康复服务，利用较少的中药和物质资源，更好地满足人民群众的中医康复需求。据不完全统计，世界上有超过 140 个国家和地区有中医药机构，总数达到了 10 万以上，约有 30% 的当地人和 70% 以上的中国人接受到中医药的服务。中医西医优势互补、相互促进、共同维护人民健康，这不但成为中国医疗卫生事业的巨大特点和显著优势，而且为全人类的健康所服务。

中医诊疗设备是以中医基础理论为基础，它符合未来医学发展的趋势。它以中医理论为核心，现代科学技术为手段，现代的实际应用为目的，实现古代和现代技术的有机融合。中国是一个中医研究的大国，然而其在中医药诊断与治疗设备的开发与实践技术上比较落后，科学技术支持和推广中医药的必要性和重要性更加突出。因此，科学规划中医药在促进健康方面的作用，是摆在我们面前的一项重要任务，智能医疗技术是医疗技术发展的方向。利用新一代物联网、云计算等信息技术，通过感知、身体结合和智能化的方式，对与医疗卫生建设相关的物质、信息社会和商业基础相关的事物进行管理、选择和优化。这样才能让人得到个性化医疗卫生服务体验。新一代的信息技术，如物联网、云技术、传感器等新一代信息技术在医疗卫生领域中，可以以医疗设备为契机，与科技领先相结合智能产品的力量，开发中医诊断和康复智能仪器。

三、智能化中医诊断设备的应用

（一）智能脉象仪的发展前景

中医的诊断实质在于“辨证论治”，辨证论就是以望（视）、闻（嗅）、问、切四种诊断方法为基础。中医诊断通常需要依赖于医生的主观意识和经验积累，这不仅受环境因素的限制，更缺乏客观的标准。

近年来，随着计算机技术、多媒体技术、数据库技术、数据挖掘技术和网络技术的飞速发展，对中医诊断的规范化、客观化进行了许多创新性的尝试。其中脉诊是中医诊断和治疗的独特方法之一，这对成千上万的医生来说是一个漫长的成长过程。

临床经验的积累在中医辨证治疗中具有不可替代的指导作用和重要意义，脉诊方法的

研究一直是中医学的前沿课题。为了实现脉诊的客观化，有必要客观地再现脉搏，利用现代生物医学工程、计算机信息处理等高新技术，并通过结合传统的中医理论研制和开发了符合中医诊断和临床实际应用的诊疗仪器，其研究领域主要包含：脉象仪研制、临床研究、参数分析等方面，其中脉象仪器的设计与研制显得尤为重要，如 20 世纪 80 年代研制了中医脉象传感器、ZM 型脉象仪、脉象模型。

脉象研究发展以来，国内外对脉搏波研究最为深入。鉴于此，可以将智能手套等可穿戴医疗器械整合到中医脉象的研究中。主要用于手部损伤、手部手术、儿童手眼协调训练、神经损伤、脑瘫及老年人慢动作的监测。可监测五个手指和腕关节的运动，采集手指活动数据，选择和建立不同患者佩戴后的训练游戏。

中医脉诊不能脱离医生的手指。基于该手套的功能，研制出中医脉诊手环，利用脉诊手环采集脉象数据，给出脉诊，量化训练分析，专业软件设计满足不同人群中的不同阶段。该应用程序可在手机上预置，形成完整的数据采集、过滤算法、中医后台数据库、人工智能深度学习算法等。随着技术的更新，让手环带有传感器，可以通过观看电视屏幕引导患者进行康复训练，结合 VR 眼镜，完成指导康复训练。随着中医诊疗技术的结合，智能康复产品将在未来有更广阔的市场。

（二）智能康复产品在中医辨证论治中的应用

2002 年，对全球失眠流行病学调查结果表明，在过去的 12 个月内 75% 的中国人曾经历了不同程度的失眠。失眠症通常是指睡眠时间和（或）质量不能满足，并且在白天影响社会功能的体验，包括：延长睡眠潜伏期、缩短总睡眠时间、夜间清醒或清晨觉醒、浅睡眠、多梦、眩晕、嗜睡及第二天白天的虚弱。中医治疗失眠症是研究失眠的一种方法，常被称为“失眠”“无眠”“不躺卧”等。在过去几代中医医生都对此类疾病进行了讨论，并取得了一定的临床效果。然而其辨证分型仍然存在争议，其分布规律及影响因素鲜有报道。目前，对失眠的研究有停滞的睡眠理论的研究；临床上只追求患者的“安全”效应，忽视整体失调的调节；缺乏深入研究失眠的机制，导致失眠的治疗没有实际突破性的进展。

智能压力检测坐垫及床垫等研究可以通过检测人体与床的接触点，同时还可以核查在没有任何移动的情况下所接触的时长，例如患者躺在床上很长时间，且在此期间没有任何移动，智能床垫收集到上述数据，传感器会处理并把该数据传输到带有低能耗蓝牙技术（BLE）的智能手机上，应用该软件会直接在智能手机中显示指示器，便会向躺在床上的人或第三方（护士或医护人员）发出警告，以便改变患者的体位及预防发生褥疮。运用此功能监测患者的睡眠，如果没有发生体位的改变，可以和患者的睡眠状态进行关联研究，采集失眠患者的实时睡眠监测数据，通过有效的数据分析，从而能够判断出失眠患者的中医证型，因此能使患者得以中医辨证施治，以此提高中医药的疗效，有效地帮助患者快速康复。

智能化医疗设备的诞生，不仅融合了生命科学和信息技术，更是实现了患者与医务人员和医疗机构的互动。在此基础上，利用物联网相关技术构建了信息交流平台，以病人为中心，进行了公共卫生、中西医疗服务、疾病控制甚至自助健康服务，为我国中医药诊疗事业开拓更美好的未来。

第五节　智能可穿戴设备在康复领域的应用

随着科学技术的提高及互联网的普及，可穿戴设备的出现逐渐成为医疗健康领域关注的热点。可穿戴设备目前在医疗健康领域主要应用于健康监测、疾病治疗、远程康复、疗效评测等方面。

可穿戴设备是指直接穿在身上或整合到衣服、配件上的一种便携式设备，主要通过软件支持以及数据交互、云端交互来实现强大的功能。其形式多样，因便携、能耗低、体积小等特点，市场上以手环、手表、贴片等设备应用最为广泛。随着最初谷歌眼镜的诞生，到现在众所周知的 Apple watch、小米智能手环等，都是可穿戴设备应用于人们生活中的体现。目前国外的可穿戴技术相对完善，中国起步较晚，然而近几年发展较快，也预示着可穿戴设备将会是未来科技发展的一个重要方向。

康复医学旨在帮助功能障碍患者恢复或补偿其功能，提高生活质量，增强回归家庭和参与社会的能力。可穿戴设备因其精确性、客观性及便携性，近年来，在康复医学领域的研究与应用引起广泛关注。目前已经有可穿戴智能技术与康复辅具相结合的成果，如，外骨骼机器人、C-LEG 智能膝关节等，它们提升了患者康复训练时的稳定性及灵活性。据调查显示，健康医疗是未来智能穿戴产品的发展方向。

一、可穿戴医疗设备优势

随着我国逐渐步入老龄化社会，社会医疗需求与医疗资源供给之间矛盾加剧，西部和偏远地区尤为严重，这种矛盾不仅给移动医疗带来挑战，而且带来机遇，大数据的大发展以及移动互联技术为可穿戴医疗设备的应用提供了必要条件。糖尿病、心脑血管等老年病、慢性病人除到医院就诊外，还可在医院之外进行可穿戴式远程监测医疗方式，远程调整治疗方案及给药。

（一）实时动态获取健康监测数据

可穿戴医疗健康设备能够为用户提供实时健康监测数据，让用户实时了解个人身体健康状况。由于可穿戴医疗健康设备不一定要去医院就能实现实时检查和测量，节省用户的使用成本和时间成本，尤其适合当前医疗领域在慢性病管理的应用。

（二）减少住院治疗，降低医疗成本

基于可穿戴医疗健康设备在康复医疗的应用，医疗机构将可以更好地整合医疗资源，为用户提供更便捷的康复医疗服务。可穿戴医疗健康设备的即时性，为医疗机构调配医疗资源提供重要的参考支撑，相对现阶段康复治疗，医生可根据可穿戴医疗健康设备的反馈实现即时上门或远程会诊，极大降低医患两方的治疗成本。

（三）医疗大数据

可穿戴医疗健康设备的进一步应用，能实时监控和传输、分析用户健康数据，为医疗卫生机构和部门的相关应用提供可信的基础。医疗大数据不仅将为医药研究产业链上的相关企业和国家卫生部门的科学决策提供依据，将可实现为用户提供诊断、监测、干预一体化的服务，为用户提供最便捷和切实的移动医疗健康福利，极大提升康复治疗效率。

二、智能可穿戴设备在康复中可应用的领域

可穿戴设备目前在医疗卫生领域主要应用于健康监测、疾病治疗、远程康复、疗效评测等方面，本节主要站在康复的角度从前三者进行阐述。

（一）健康监测

在可穿戴技术迅速发展的今天，健康观念已深入人心，人口的老龄化及医疗资源的紧缺，使得医疗健康监护倍受关注。可穿戴健康监护设备旨在通过对人体实时健康信息的数据监测，综合数据分析及专家建议，科学地对佩戴者给出合理的健康指导。目前市面上的可穿戴监测设备主要以智能手环、智能手表为主，具有可操作性强、便于携带、外形美观的特点。主要的功能有：计步、生命体征检测、血糖监测、能量消耗及睡眠监测等功能。其中，在康复领域中，可穿戴设备的监测功能主要应用于神经系统康复、骨科康复、慢性老年退行性疾病康复。

1. 神经系统康复

在神经系统康复中，可穿戴设备可用于监测患者步态参数，通过分析得出步态报告，有助于医师随时掌握患者的信息，对康复方案及时地做出调整。步态分析是康复中最常用的评定指标之一，有助于疾病的诊断、治疗与评估。近年来，可自动识别步态参数的可穿戴式步态分析传感器在脑卒中、小儿脑瘫的康复与治疗中取得显著进展，通过自动识别患者的步态参数，为康复与治疗提供信息反馈，甚至可以改变手术决策。在 Smith 等研制的穿戴式步态分析设备中，用户只需要佩戴一个小腰包，便可以监测日常行为活动与跌倒行为，并记录下治疗前后步态和跌倒信息。Biosensics 公司的 LEGSys TM，在进行步态分析的同时，还使用摄像头进行动作捕捉，通过蓝牙将数据传输到 APP，用户的步态报告可直接通过 E-mail 发送至手机端查看。在神经系统康复中，步态检测功能是可穿戴设备目前

应用最集中的板块。

2. 骨科康复

现代骨科康复学的基本干预手段包括手术治疗、功能训练和康复辅具。在骨科康复中，康复辅具的应用显得尤为重要。骨关节炎的治疗主要是基于运动疗法的康复治疗。运动疗法可使患者减少疼痛，增强关节功能和生活质量。然而由于不能长期遵循康复计划，运动疗法对于大多数骨关节炎患者而言，其效果将会大打折扣。Papi 等开发了一种可穿戴式膝关节监测装置，用于监测骨关节炎患者的膝关节功能状态。临床上，结合可穿戴技术的康复辅具在骨科康复中，主要用于辅助康复训练，如增加承重、改善关节灵活度、辅助步行等，其监测功能在骨科康复中应用较少。

3. 老年、慢性疾病康复

随着老龄化时代的到来，老年人成为社会普遍关注的群体，许多针对老年人的产品应运而生。走失及跌倒是老年人容易出现的两大问题，衍生到康复领域，我们需要注意的便是老年痴呆患者的防走失及步态失调患者的康复训练。针对这两大问题，研究者们已经有相对应的可穿戴技术产物出现。美国 GTX 与 Aetrex 制鞋公司联合研发的一种内嵌 GPS 芯片的定位鞋，通过实时监测定位，可有效防止阿尔茨海默症患者走失。Hobert、Mortaza 等人将定量测量等方法与先进的传感技术和软件通信技术相结合，制作出可进行步态和平衡测评的可穿戴设备，通过不同的测量参数，为预防老年人跌倒提供更敏感的生物反馈，有效改善步伐紊乱，帮助物理治疗师进行更有效的训练。

而对于慢性疾病，如心脏病、肺疾病、糖尿病、高血压等，可穿戴设备的监测功能也能得到很好的应用。一项名为 BASUMA 的项目，运用无线体域网监测患者的心电图、血氧饱和度、肺音等生理信号，以改善慢性阻塞性肺疾病的治疗效果以及乳腺癌化疗的疗效。血糖方面，可穿戴医疗设备采用微创或无创血糖测量法，通过测量血液替代物如尿液、泪液或组织液的葡萄糖浓度来反映血糖浓度，避免了指尖采血的麻烦，然而目前市面上的产品其测量的精准度尚有待提高。

（二）疾病治疗

可穿戴设备用于康复疾病的治疗多处于研究与评估阶段，中国科学技术大学正在研究针对髋关节受损患者的可穿戴机器人，将设备穿在腿上，可同步为人体提供助力以减轻髋关节受力。一种经皮神经电刺激疗法产品可用于疼痛病人，将贴片贴于身体各个部位，通过电脉冲刺激达到止痛效果，但未得到广泛认可。穿戴式体外自动除颤仪，可用于高危心脏病患者，在危急时自动除颤。然而大部分人表示该设备携带不方便，日常生活中不会选择使用。临床上还有不少穿戴式外骨骼康复辅具的出现，如手外骨骼、上肢外骨骼、下肢外骨骼机器人，可以有效地帮助康复患者进行康复训练，提高康复训练的效果。

（三）远程康复

由于国内人们的康复理念不强，以及康复医院价格普遍偏高，效果缓慢，那么远程康复的发展是必然的趋势，它不仅可以指导患者进行家庭康复，还可以扩大康复人群，减少就医压力，及时把控患者病情。远程康复中，心脏康复尤为重要，临床工作中，应当给患者提供持续的心脏康复。而远程监测系统将传统的 Holter 技术与互联网相结合，将数据实时上传，时间上不只是传统的 24h。通过监测静息心率、心率恢复、ST-T 改变、心率 - 收缩压双乘积，监测患者有无心肌缺血、心电不稳定等，起到预防疾病的目的。除了监测心率以外，可穿戴技术通过 VR 模拟的动作可以通过远程康复系统在家中进行系统性锻炼。相比较传统的康复模式，借助 VR 和可穿戴设备进行康复锻炼，更加安全、有效。由此可见，远程康复具有其可发展性，不仅有利于康复的推广实施，还可减少康复费用。

三、可穿戴设备在患者康复过程中的具体应用

康复工程服务的基本对象包括：

（1）肢体运动功能障碍，包括：截肢、脑瘫、偏瘫、截瘫、脑外伤、多发性硬化、肌肉萎缩等引起的肢体运动功能障碍。

（2）脑功能障碍，主要包括：先天性脑病、脑损伤和老年性脑病。

（3）感官功能障碍。包括：先天、后天疾病引起的视觉、听觉障碍。

（4）言语交流功能障碍．包括：先天、后天疾病引起的言语功能障碍。

（一）肢体运动功能障碍方面

虚拟技术是仿真技术与计算机等技术的完美结合形成的三维动态视景，具有高度的真实感和多感知性，虚拟技术备受虚拟现实设备青睐，对 Oculus Rift 和 HTCVIVE 来说，后者采用激光扫描定位自由移动的范围比前者的要大了许多，能达到 1.94mm 定位精度，它的沉浸感和互动性是行业标杆。如，陈东林等将 HTCVIVE 技术创新于上肢康复，可以根据训练者的训练和康复进展情况，实时监测患肢各种信息，并能实时提供运动者的高仿真三维动态轨迹图，大大提高康复训练的效果。

双手在人类日常生活中有重要意义，腕关节又是人体复杂的力学关节之一，对手做屈、伸、收、展以及环转运动功能起到关键作用，因此监测腕关节的运动状态有重要的实际应用价值。为解决难以在柔性康复机器人上安装角度传感器的问题，李敏等设计了一种柔性可穿戴的腕关节掌屈运动角度传感器，该传感器具有对温度不敏感，不受电子干扰，成本低，不干扰柔性驱动器工作的优点，能够实现实时角度监测，与驱动器组成闭环控制，非常实用。

外骨骼机器人被定义为提供保护和支持的一个硬的外置结构，目的就是为康复患者增强物理能力，主要有基于跑步机和着地康复训练外骨骼机器人以及助行外骨骼机器人。电

子科技大学机器人研究中心主任程洪团队研发出最新版外骨骼机器人，能够让脊髓受损的患者直立行走。

动力型下肢假肢的发展使穿戴者进行跑动运动成为可能，因此，对假肢穿戴者跑动意图识别的研究十分关键。在国外，智能假肢性能不断提高，相应产品及样机的功能逐渐完善。比如德国 Genium 仿生肢体、冰岛 PowerKnee 义肢等，在运动状态识别、人机交互、能量效率等方面各有特色，特别是 Genium X3 的智能仿生膝关节，不仅实现不同步速下的行走与跑动，而且克服了其他智能假肢无法在水中运行的缺点。此外，Shultz 等一直致力于下肢假肢跑动模式控制方法的研究，基于行走和跑动的灵活变化而制出这种跑动运动控制器。

（二）脑功能障碍方面

据 2017 年发布的《〈中国脑卒中防治报告 2016〉概要》中报道，每 5 年一次的国家卫生服务调查显示，我国卒中患病率由 1993 年的 0.40% 上升至 2013 年的 1.23%，患病率持续增加。脑卒中经过医疗和康复治疗后仍然面临长期的机能功能障碍而影响生活，后续还存在大量的康复治疗和服务需求。

手功能障碍是常见的脑卒中后遗症之一，严重地影响到患者的日常生活。目前患者手功能的康复多依赖于治疗师的指导，此外，训练内容多较为重复、枯燥。手部可穿戴设备康复训练方法丰富、灵活而且各部分功能更精准，更有利于患者的康复。由于手部运动由各个手指配合完成，包括抓握、侧捏、对捏等多种功能姿势，在使用传感器进行监测时，对传感器的精确度要求较高。随着可穿戴技术的发展，近年来传感器的精确度以及体积达到了可用于手功能康复评估与治疗的水平，可穿戴设备在手功能的康复领域的应用逐渐成为热门。Bianchi 等通过一种可穿戴手套，对脑卒中患者的手部活动进行三个关节活动度的精确测量，可以重建出患者完整的手部姿势，实时对患者的康复与评估进行记录和反馈。

脑卒中康复患者主要就是针对步行功能的训练，脑卒中后 3 个月仍有 20% 的患者需要使用轮椅，60% 的患者存在步行功能障碍。步行功能的障碍或者不正确的步态将影响患者独立进行日常活动的能力，并且影响患者心血管的健康，步态的分析与训练将促进患者日常活动的参与，并有助于提高生存质量。Dragin 等研发了一种用于步态训练的姿势辅助系统，该系统通过一个连接动力滚动助行器和患者下肢的可穿戴设备为患者提供身体姿势支撑和躯干定向，可以帮助患者在脑卒中后康复早期就开始进行步态训练。

帕金森病是最常见的神经退行性疾病之一，患病率高，病程长，并伴有多种并发症，需要长期采用以运动疗法为主的综合康复治疗，所以运动症状监测是帕金森病康复评定的关键。对此，国内外都有针对性的设计帕金森病可穿戴设备，Patel 等设计出能采集病人身体三个部位加速度运动信号的有线穿戴式设备；Mera 等侧重对病人深度脑刺激参数进行监测优化指导，设计出戴在指尖的运动监测设备；汪丰运用 ZigBee 和 MPU6050 对病人步行运动数据采集和定量分析；李亮等研制了一套用于帕金森病定量评估的多节点运动信息监测可穿戴设备，采用五个微型传感器节点实现上、下肢和腰部的多身体部位运动信息同步监测。

（三）视听功能障碍方面

助听器主要有耳背式助听器和耳内式助听器，基本上已经完全数字化，可穿戴助听器完全可以让听力患者和正常人一样自信，如，Rondo Maestro CI 助听器是一款植入式助听器，要在患者大脑皮层植入接收芯片把信号转换为脉冲信号以便传给大脑，外部设备夹与头发中而实现听力功能；Microsoft 团队正在着手研发一款名为“Alice Band”的可穿戴视力增强设备，它采用回声定位原理，能够将声波转化成为视觉信号帮助患者清晰“看到”前方的障碍物。据报道，浙大一科研团队正在研发一款适合盲人、视障病人佩戴的眼镜，戴上它之后就能感知到身边的桌子椅、红绿灯、来往的车辆，科技的进步为视听障碍者带来了希望。

（四）言语交流功能障碍方面

言语交流障碍是指先天或后天利用语言交流过程中出现的言语功能障碍，比如聋哑人，或脑卒中言语功能障碍者。东北大学三名学生研发出一种“手语转换发声”手环，通过连接服务器可以让手语发声，并把外界语音转化为文字，实现聋哑人和外界的无障碍沟通。通过连接服务器把手语动作转化为语句，同时还可以把外界语音转化为文字。相对于传统的手语方法，可避免遮挡、干扰和手指细微动作无法捕捉等严重缺陷，在便携实用的同时，保证了识别的实时性和准确性。

四、可穿戴设备在康复领域的发展前景

可穿戴技术具有便捷、智能等特点，为康复医学领域的发展与进步提供新思路。至今，可穿戴技术在康复医学领域的应用报道仍相对有限。随着微型传感技术、数据分析技术、新能源电池技术、低功耗芯片技术等的支持，将可穿戴技术与传统的康复理念和康复工程相结合，影响康复医疗模式，家庭康复和社区康复将更有效。穿戴式智能辅具会成为可穿戴技术进入康复领域的一个突破口，我们相信，在移动互联网和大数据、云计算普及的今天，可穿戴设备将传统的康复理念和高精尖技术结合，定会促进康复医学事业发展。

随着物联网的发展，可穿戴设备的普及将会成为可能，医疗健康将是可穿戴设备发展的一个重要方向。首先，从目前的研究来看，大多数可穿戴设备倾向于健康监测及康复辅具智能化，然而疾病的预防和治疗、远程康复的产品相对较少，这也是可穿戴设备难以普及的原因。多数健康监测智能设备难以让用户坚持使用，如果，能将预防、治疗功能做到位，解决了就医难、就医贵的问题，可穿戴设备必然会普及。其次，可穿戴医疗设备国内极少有人传统医学相结合的研究，我们应大力运用传统医学知识，如针灸、中药敷贴、穴位刺激等方法都可以发明出相应的穿戴式设备，达到无病保养，有病治疗的目的。最后，

可穿戴设备要想发展，必须克服目前存在的问题。归纳起来主要是便携性、价格、数据准确性、安全性的问题。便携性要在电池能源问题及传感器问题得到解决之后才能得到保证，价格的降低伴随的会是可替代材料的发掘，而数据的准确性和安全性如何保障也需要科技研究者们去解决。总而言之，在价格合适的基础上，尽最大可能地为人类健康起到实质性的帮助是可穿戴设备进一步发展的方向。

参考文献

[1] 王文焕主编 . 老年人辅助器具应用 [M]. 北京：中国人民大学出版社，2016.

[2] 方新，沈爱明主编 . 康复辅助器具技术 [M]. 北京：中国医药科技出版社，2019.

[3] 喻洪流，石萍 . 康复器械技术及路线图规划 [M]. 南京：东南大学出版社，2014.

[4] 张晓玉编著 . 智能辅具及其应用 [M]. 北京：中国社会出版社，2012.

[5] 肖晓鸿主编；杨文兵，千怀兴副主编；李华章，李尚发，高峰，董银平编者 . 康复工程技术 高职康复 [M]. 北京：人民卫生出版社，2014.

[6] 王荣光主编 . 辅助器具适配教程 [M]. 沈阳：辽宁人民出版社，2016.

[7] 王珏主编 . 康复工程基础 辅助技术 [M]. 西安：西安交通大学出版社，2008.

[8] 范佳进主编 . 社会福利之残疾人辅助器具服务的技术与管理 [M]. 深圳: 海天出版社，2014.

[9] 中国残疾人联合会编 . 康复重塑人生 [M]. 北京：华夏出版社，2017.

[10] 喻洪流，孟巧玲，石萍等编著 . 国际康复辅助器具产业与福利政策 [M]. 南京：东南大学出版社，2015.

[11] 舒彬 . 临床康复工程学 本科康复 [M]. 第 2 版 . 北京：人民卫生出版社，2018.

[12] 王喜太等著 . 矫形器概论及震后辅具康复 [M]. 北京：中国社会出版社，2011.

[13] 李明杰，马凤领 . 中国康复辅具标准化发展战略研究 [M]. 北京：中国工人出版社，2014.

[14] 纪雯 . 上肢康复机器人训练及评价系统 [M]. 中国矿业大学出版社有限责任公司，2017.